新手学
Office 2016

龙马高新教育◎编著

- 快 1000张图解轻松入门 **学会**
- 好 80个视频扫码解惑 **完美**

U0195047

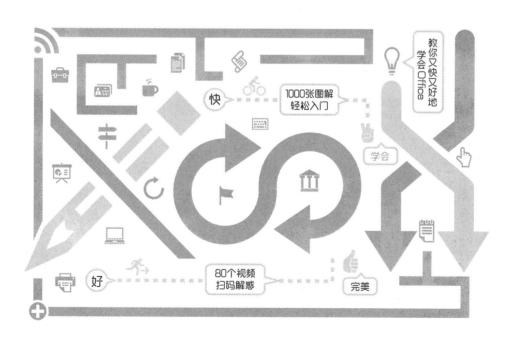

教你又快又好地学会Office

快 ← 1000张图解轻松入门

学会

好 ← 80个视频扫码解惑

完美

北京大学出版社
PEKING UNIVERSITY PRESS

内 容 提 要

本书通过精选案例引导读者深入学习，系统地介绍了 Office 2016 的相关知识和应用方法。

全书共 12 章。第 1～3 章主要介绍 Word 的基本操作、使用图和表格及文档的高级排版操作；第 4～8 章主要介绍 Excel 的基本操作，包括单元格和工作表、数据管理与分析、制作图表、数据透视表及公式与函数；第 9～10 章主要介绍 PowerPoint 的基本操作及让你的幻灯片引人入胜；第 11～12 章主要介绍使用 Outlook 处理办公事务及 Office 组件间的协作。

本书不仅适合 Office 2016 的初、中级用户学习使用，也可以作为各类院校相关专业学生和计算机培训班学员的教材或辅导用书。

图书在版编目（ＣＩＰ）数据

新手学 Office 2016 / 龙马高新教育编著 . — 北京：北京大学出版社，2017.10
ISBN 978-7-301-28672-2

Ⅰ . ①新… Ⅱ . ①龙… Ⅲ . ①办公自动化－应用软件 Ⅳ . ① TP317.1

中国版本图书馆 CIP 数据核字 (2017) 第 214016 号

书　　　名	新手学 Office 2016	
	XINSHOU XUE OFFICE 2016	
著作责任者	龙马高新教育　编著	
责 任 编 辑	尹 毅	
标 准 书 号	ISBN 978-7-301-28672-2	
出 版 发 行	北京大学出版社	
地　　　址	北京市海淀区成府路 205 号　　100871	
网　　　址	http://www.pup.cn　　　新浪微博：@ 北京大学出版社	
电 子 信 箱	pup7@ pup.cn	
电　　　话	邮购部 62752015　发行部 62750672　编辑部 62580653	
印 刷 者	北京大学印刷厂	
经 销 者	新华书店	
	787 毫米 ×1092 毫米　16 开本　16 印张　317 千字	
	2017 年 10 月第 1 版　2017 年 10 月第 1 次印刷	
印　　　数	1—4000 册	
定　　　价	32.00 元	

·前言·

如今，计算机已成为人们日常工作、学习和生活中必不可少的工具之一，不仅大大地提高了工作效率，而且为人们生活带来了极大的便利。本书从实用的角度出发，结合实际应用案例，模拟真实的办公环境，介绍 Office 2016 的使用方法与技巧，旨在帮助读者全面、系统地掌握 Office 的应用。

读者定位

本书系统详细地讲解了 Office 的相关知识和应用技巧，适合有以下需求的读者学习。

※ 对 Office 一无所知，或者在某方面略懂、想学习其他方面的知识。

※ 想快速掌握 Office 的某方面应用技能，如美化文档、制作表格、办公……

※ 在 Office 使用的过程中，遇到了难题不知如何解决。

※ 想找本书自学，在以后工作和学习过程中方便查阅知识或技巧。

※ 觉得看书学习太枯燥、学不会，希望通过视频课程进行学习。

※ 没有大量时间学习，想通过手机进行学习。

※ 担心看书自学效率不高，希望有同学、老师、专家指点迷津。

本书特色

➥ 简单易学，快速上手

本书以丰富的教学和出版经验为底蕴，学习结构切合初学者的学习特点和习惯，模拟真实的工作学习环境，帮助读者快速学习和掌握。

➥ 图文并茂，一步一图

本书图文对应，整齐美观，所有讲解的每一步操作，均配有对应的插图和注释，以便读者阅读，提高学习效率。

➜ 痛点解析，清除疑惑

本书每章最后整理了学习中常见的疑难杂症，并提供了高效的解决办法，旨在解决在工作和学习的问题同时，巩固和提高学习效果。

➜ 大神支招，高效实用

本书每章提供有一定质量的实用技巧，满足读者的阅读需求，也能帮助读者积累实际应用中的妙招，扩展思路。

◎ 配套资源

为了方便读者学习，本书配备了多种学习方式，供读者选择。

➜ 配套素材和超值资源

本书配送了 10 小时高清同步教学视频、本书素材和结果文件、通过互联网获取学习资源和解题方法、办公类手机 APP 索引、办公类网络资源索引、Office 十大实战应用技巧、200 个 Office 常用技巧汇总、1000 个 Office 常用模板、Excel 函数查询手册等超值资源。

（1）下载地址。

扫描下方二维码或在浏览器中输入下载链接：http://v.51pcbook.cn/download/28672.html，即可下载本书配套光盘。

提示：如果下载链接失效，请加入"办公之家"群（218192911），联系管理员获取最新下载链接。

（2）使用方法。

下载配套资源到 PC 端，单击相应的文件夹可查看对应的资源。每一章所用到的素材文件均在"\ 本书实例的素材文件、结果文件 \ 素材 \ch*"文件夹中。读者在操作时可随时取用。

➥ 扫描二维码观看同步视频

使用微信、QQ 及浏览器中的"扫一扫"功能，扫描每节中对应的二维码，即可观看相应的同步教学视频。

➥ 手机版同步视频

用户可以扫描下方二维码下载龙马高新教育手机 APP，用户可以直接安装到手机中，随时随地问同学、问专家，尽享海量资源。同时，我们也会不定期向读者手机中推送学习中的常见难点、使用技巧、行业应用等精彩内容，让学习更加简单高效。

⚛ 更多支持

本书为了更好地服务读者，专门设置了 QQ 群为读者答疑解惑，读者在阅读和学习本书过程中可以把遇到的疑难问题整理出来，在"办公之家"群里探讨学习。另外，群文件中还会不定期上传一些办公小技巧，帮助读者更方便、快捷地操作办公软件。

📩 作者团队

本书由龙马高新教育编著，其中，孔长征任主编，左琨、赵源源任副主编，参与本书编写、资料整理、多媒体开发及程序调试的人员有孔万里、周奎奎、张任、张田田、尚梦娟、李彩红、尹宗都、王果、陈小杰、左琨、邓艳丽、崔姝怡、侯蕾、左花苹、刘锦源、普宁、王常吉、师鸣若、钟宏伟、陈川、刘子威、徐永俊、朱涛和张允等。

在编写过程中，我们竭尽所能地为读者呈现最好、最全的实用功能，但仍难免有疏漏和不妥之处，敬请广大读者不吝指正。若在学习过程中产生疑问，或有任何建议，可以与我们联系交流。

投稿邮箱：pup7@pup.cn

读者邮箱：2751801073@qq.com

读者交流 QQ 群：218192911（办公之家）、363300209

·目录·

Contents

第3章　文档的高级排版操作 49

第 6 章 制作图表 **117**

第 7 章 数据透视表 **135**

第8章 公式与函数 **151**

第 9 章 **PowerPoint 的基本操作** 173

第1章

Word 的基本操作

>>> 你知道 Word 的安装与启动吗？

>>> 你知道 Word 文档的基本操作吗？

>>> 你知道文本格式和段落格式的设置吗？

让我来引领你了解 Word 2016 的世界吧！

1.1　Office 2016 的安装与启动

1.1.1　Office 2016 的安装

在安装 Office 2016 之前，首先需要掌握其安装操作。安装 Office 2016 之前，计算机硬件和软件的配置要达到以下要求。

处理器	1 GHz 或更快的 x86 或 x64 位处理器（采用 SSE2 指令集）
内存	1 GB RAM （32 位）；2 GB RAM（64 位）
硬盘	3.0 GB 可用空间
显示器	图形硬件加速需要 DirectX10 显卡和 1024×576 分辨率
操作系统	Windows 7、Windows 8、Windows Server 2008 R2 或 Windows Server 2012
浏览器	Microsoft Internet Explorer 8、9 或 10；Mozilla Firefox 10.x 或更高版本；Apple Safari 5 或 Google Chrome 17.x
NET 版本	3.5、4.0 或 4.5
多点触控	需要支持触控的设备才能使用多点触控功能。但是总可以通过键盘、鼠标或其他的标准输入设备或可访问的输入设备使用所有功能。请注意，新的触控功能已经过优化，可与 Windows 8 配合使用

计算机配置达到要求后就可以安装 Office 软件。现在计算机中没有自带 Office 软件，需要用户在网上自行搜索进行下载，双击 Office 2016 的安装程序，系统即可自动安装，安装成功后方可使用。

此外 Office 2016 是收费软件，用户可以体验一段时间（一般为 60 天）。过期后需要重新激活方可使用。这是软件厂商采用的防盗版技术，软件必须激活才可以成为正式用户。

企业可以通过官方网站进行购买使用权限，而个人如果仅仅是为了学习操作，可以下载 Office 学院版进行体验。

1.1.2　启动 Office 2016 的两种方法

使用 Office 2016 时，首先需要启动。最常用的启动方法有以下两种。

1. 直接打开应用程序

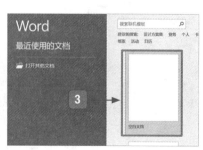

1 单击【开始】按钮。

2 选择【Word 2016】选项。

3 选择【空白文档】选项。

2. 直接在桌面上新建文档

1. 在 Windows 桌面空白处右击，选择【新建】选项。

2. 选择【Microsoft Word 文档】选项。

3. 双击该图标。

1.2 新建与保存文档

使用 Word 2016 的目的是处理文档，在处理之前，必须建立文档来保存要处理的内容，在创建新文档的时候，系统会自动默认文档以"文档1""文档2"……的顺序来命名。而当你完成对文档的编辑时，需要将文档保存下来，以便于以后对文档的循环利用。

1.2.1 新建 Word 文档

关于新建文档总结下来共有 2 种方法，下面就给大家一一地介绍。

1. 新建空白文档

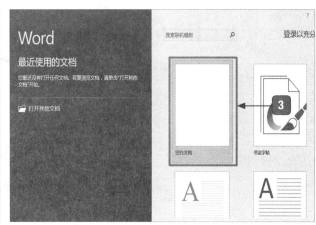

1. 单击【开始】按钮。

2. 选择【Word 2016】选项。

3. 选择【空白文档】选项。

即可得到如下图所示的"文档1"。

2. 使用联机模板创建文档

Word 2016 除了自带的模板外，还为用户提供了很多精美的文档模板，这些不仅可以使你的文档看起来丰富多彩，还更具吸引力，从而让你的文档脱颖而出。

这里以"贺卡"为例，为用户展示其用法。

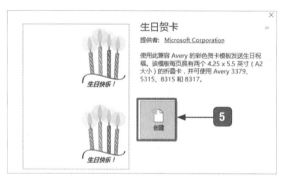

1 选择【文件】→【新建】选项。

2 在搜索框中输入"贺卡"。

3 单击【🔍】按钮。

4 选择【生日贺卡】选项。

5 单击【创建】按钮。

创建效果如下图所示。

1.2.2　保存 Word 文档

在 Word 文档工作时所建立的文档是以临时文档保存在计算机内的，如果退出文档操作，文档就会丢失。因此，我们需要把文档保存下来，这样才能供我们循环使用。Word 2016 提供了多种保存文档的方法，下面就为大家一一示范。

1. 保存

在对文档编辑完以后，需要对文档进行保存操作，第一次保存文档会自动跳转到【另存为】对话框，具体操作步骤如下。

在新建文档中输入文本如下图所示。

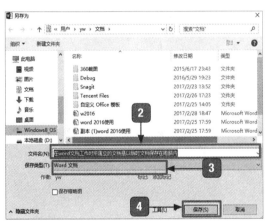

1　选择【文件】→【保存】选项。

2　输入文件的名称。

3　设置【保存类型】为"Word 文档"。

4　单击【保存】按钮。

> **提示：**
>
> 要保存文档，也可以单击工具栏中的【保存】按钮 或使用【Ctrl+S】组合键来实现。

保存效果如下图所示。

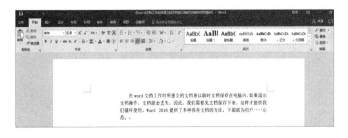

2. 另存为

第一次保存文档后文档就有了新的名称，当单击【保存】按钮或使用【Ctrl+S】组合键时将不会弹出【另存为】对话框，而只是覆盖原有的文档。当然，如果不想覆盖修改前的文档，用户就可以使用"另存为"的方法把修改过的文档保存起来，具体操作步骤如下。

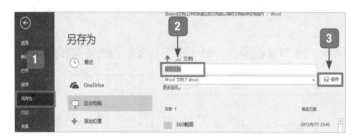

1. 选择【文件】→【另存为】选项。
2. 输入文件的名称。
3. 单击【保存】按钮。

若所显示的文档保存位置不是你想要的保存位置，单击【更多选项】按钮即可跳转到【另存为】对话框。

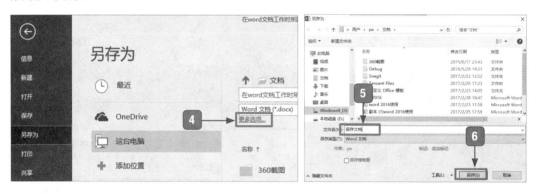

4. 单击【更多选项】按钮。　　5. 输入文件的名称。　　6. 单击【保存】按钮。

保存效果如下图所示。

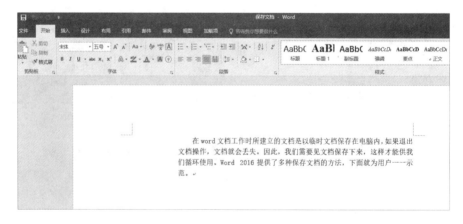

1.3 输入文本

小白：大神，为什么我每次输入文本都这么慢啊，总是被领导说工作效率低。

大神：那是因为你还不知道输入文本的技巧，只要你知道这些技巧，你的工作能力就会"蹭蹭"地往上涨，保证以后领导都夸你。

小白：听起来好"高大上"啊！！！

1. 中文和标点的输入

在 Word 输入文本时，输入数字时不需要切换中 / 英文输入法，但在输入文字时中 / 英文则需要更换。

提示：

一般情况下，Windows 系统输入法之间的切换可以使用【Ctrl+Shift】组合键来实现。中 / 英文之间的切换可以用【Ctrl+Space】组合键或【Shift】键来切换。

1 打开文档，选择需要的汉语拼音输入法。

2 用户可以使用汉语拼音输入文本。

在输入时，如果文字达到一行的最右端时，输入文本将自动跳转到下一行。如果在没输完一行想要换到下一行，可以按【Enter】键跳转到下一行，这样段落会产生一个 ↵ 标志。

提示：

虽然此时也达到了换行输入的目的，但这样并不能结束这个段落，仅仅是换行输入而已。

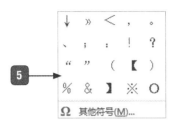

3 选择【插入】选项卡。

4 单击【符号】下拉按钮。

5 选择需要的符号。

将光标放在文字句末，也可以使用快捷键的方法输入符号，如按【Shift＋；】组合键，即可输入中文的全角冒号。

2. 英文和标点输入

在中文输入法的状态下，按【Shift】键，即可更换为英文输入法。

英文输入标点和中文输入标点的方法相同。例如，按【Shift+/】组合键即可在文本中输入"？"。

3. 输入时间和日期

打开"素材\ch02\员工劳动合同.docx"文件，将内容复制到文档中。

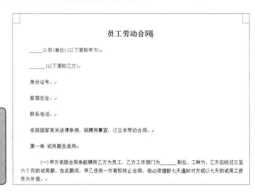

提示：

本书所有的素材和结果文件，请根据前言提供的下载地址进行下载。

1 单击【插入】选项卡下【文本】
　组中的【日期和时间】按钮。

2 在【日期和时间】对话框中选
　择要插入的时间格式。

3 选中【自动更新】复选框。

4 单击【确定】按钮。

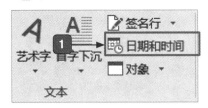

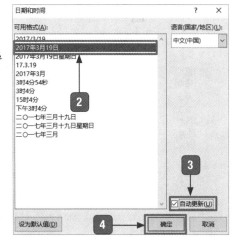

甲方(签字)：

日期：2017 年 3 月 19 日

乙方(签字)：

日期：2017 年 3 月 19 日

1.4 文本格式的设置

　　Office 2016 为我们提供了便捷的空间，对文本格式的设置包括字体的大小、颜色，以及给字词添加拼音、设置上下标和字体效果等方面的效果，充分体现文本文字编排的美感。

1.4.1 调整字体的大小和颜色

　　选中要调整的文字，在【开始】选项卡下的【字体】组中进行设置。

身披薜荔衣，1山陟莓苔梯。

1 选中要调整的文字。

2 单击【字号】按钮的下拉按钮。

3 设置【字号】为【小初】。

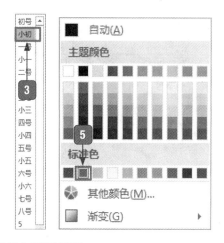

④ 单击【字体颜色】按钮
的下拉按钮▾。

⑤ 设置颜色为【红色】。

最终效果如下图所示。

身披薛荔衣，山陟莓苔梯。

1.4.2 设置文本的字体效果

首先介绍几个常用按钮及其快捷键（在【开始】→【字体】组下面找），大家可以根据自己需要单击使用，不过一定要记得先选中要设置的文本。

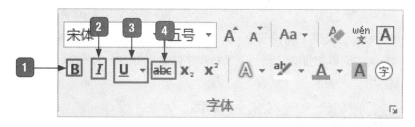

① 单击【加粗】按钮 B。

② 单击【倾斜】按钮 I。

③ 单击【下画线】按钮 U▾。

④ 单击【删除线】按钮 abc。

> **提示：**
> 单击【下画线】按钮的下拉按钮可以更换更多下画线样式哦！

下面演示上述 4 种按钮使用前后文本效果。

123456 ⟹ *123456*

大家还记得怎么打开【字体】对话框吗？我们一起来复习一下吧，选中文本右击，在弹出的快捷菜单中选择【字体】命令得到【字体】对话框。

小白：大神，有没有其他更简便的方法打开【字体】对话框呢？

大神：其实在【开始】选项卡的【字体】组中有一个小小的按钮可以直接打开呢，不知道你有没有注意到。

小白：是右下角那个吗？

大神：答对了，其实【开始】选项卡下面每个组右下角都有个神秘的按钮，现在我们就用这种便捷方式给大家演示常用操作（对文本字体进行填充、阴影设置）的方法和步骤解析。

设置文本的字体效果

在【字体】对话框中单击【字体】选项卡最下面的【文字效果】按钮。

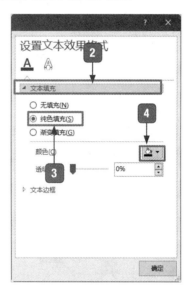

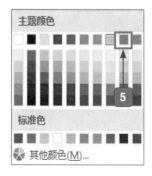

1. 单击【文字效果】按钮。
2. 选择【文本填充】选项。
3. 选中【纯色填充】单选按钮。
4. 单击【颜色】下拉按钮。
5. 在弹出的下拉列表中选择【黄色】选项。

11

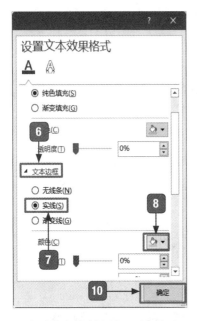

6 选择【文本边框】选项。

7 选中【实线】单选按钮。

8 单击【颜色】下拉按钮。

9 在弹出的下拉列表中选择【蓝灰色】选项。

10 单击【确定】按钮。

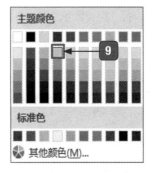

此时的文字效果如下图所示。

设置文本的字体效果

想让字体看起来更有立体感吗？那就加一个阴影吧！

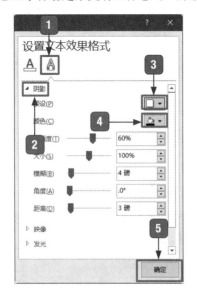

1 选择【文字效果】选项卡。

2 选择【阴影】选项。

3 设置【预设】为【外部】→【向右偏移】。

4 设置【颜色】为【主体颜色】→【黑色】。

5 单击【确定】按钮。

最终效果如下图所示。

1.5 设置段落格式的技巧

　　干净整洁的排版效果可以为文档增色不少，因此段落格式的设置是必不可少的。Word 为我们提供了 5 种常用的对齐方式，两种种缩进设置，一种行和段落间距设置等快捷按钮，下面为大家介绍这几种常用快捷按钮。

　　左对齐（Ctrl+L）：将文本所有的行内容与页的左边界对齐。

　　居中对齐（Ctrl+E）：将文本所有的内容都位于文档的正中间位置。

　　右对齐（Ctrl+R）：将文本所有的行内容与页的右边界对齐，左边是不规则的。

　　两端对齐（Ctrl+J）：将文本内容均匀分布在左右页边距之间，使两侧文字具有整齐的边缘。

　　分散对齐（Ctrl+Shift+J）：将文本在一行内靠两侧进行对齐，字与字之间会拉开一定的距离。

1.5.1 设置对齐方式

　　打开"素材 \ch01\ 咏鹅 .docx"文件。

1. 在对话框中设置

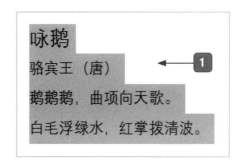

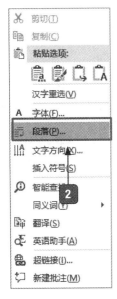

1 选中文本并右击。

2 在弹出的快捷菜单中选择【段落】选项。

3 在【缩进和间距】选项卡下设置【对齐方式】为【居中】。

4 单击【确定】按钮。

然后就得到如下图所示的效果。

咏鹅

骆宾王（唐）

鹅鹅鹅，曲项向天歌。

白毛浮绿水，红掌拨清波。

2. 用工具栏设置对齐方式

直接单击【开始】选项卡下【段落】组中的【居中】按钮 就可以啦，除了【居中】，其他的也可以使用这个快捷方式。

1.5.2 设置段落首行缩进

段落首行缩进是把段落的第一行从左向右缩进一定的距离，根据中文的书写格式，正文的每个段落首行要缩进两个字符。

那么面对长篇文章，我们该如何快速设置段落首行缩进呢？下面我们一起看看具体步骤吧。

打开"素材\假如我有九条命.docx"文件，选中要缩进的文本。

大神：小白，你还记得怎么打开【字体】对话框吗？

小白：当然记得啊，上一节才讲过的啊，还学习了一种简便的打开方式呢。

大神：记得就行，那我们就用右下角的【段落设置】按钮 🔲 打开【段落】对话框吧。

① 单击【段落设置】按钮。

② 在【段落】对话框中设置【特殊格式】为【首行缩进】，【缩进值】为【2 字符】。

③ 单击【确定】按钮。

1.5.3　设置宽松的段落间距和行距

设置方法依旧是先打开【段落】对话框，前两小节已经介绍过，大家可以翻找前面的步骤复习一下。

除了通过【段落】对话框这一方式设置，我们还可以使用快捷按钮来设置。

① 单击【行和段落间距】按钮。

② 选择【1.5】选项。

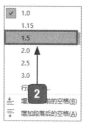

如果觉得不满意，可以直接打开【段落】对话框进行细致的设置，或者在上述【行和段落间距】下拉列表中选择【行距选项】选项直接打开【段落】对话框。

1.6　综合实战——制作公司内部通知

下面以"公司内部通知"为例，来简单介绍一下本章所学的部分内容。

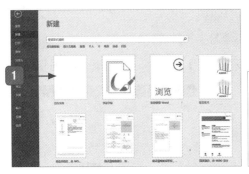

1. 选择【文件】→【新建】→【空白空档】，新建一个空白文档。
2. 在文档中输入通知的内容。

3. 打开即点即输的方法输入公司名称。
4. 单击【插入】→【文本】组中的【日期和时间】按钮，添加日期和时间。

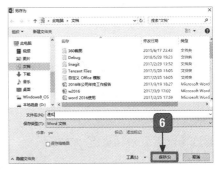

5. 操作完成后对文件进行保存，单击【文件】→【保存】→【浏览】按钮。
6. 在弹出的【另存为】对话框中，编辑文件名后单击【保存】按钮。
7. 完成后的文档。

16

 痛点解析

痛点 1：在段中输入文字时，后面文字被删除

有的用户在编辑 Word 文档时，可能会出现"在一段文字中需要插入一些内容，输入文字的时候后面的文字就被自动删除了"这一情况，如下图所示。下面我们就针对这一问题提供了好的解决方法。

【睡前 10 分钟瘦腿术　消除水肿塑线条】一些女生非常地想瘦腿，但总是瘦不下来，小腿还是一如既往 原文本 这种情况，很可能是你的小腿水肿。怎么办呢？下面这套腿部去浮肿按摩法，每天睡前做一次，每次 10 分钟，能够有效的缓解腿部肌肉疲劳，消除浮肿的双腿！

【睡前 10 分钟瘦腿术　消除水肿塑线条】一些女生非常地想瘦腿，但总是瘦不下来，小腿还是一如 被替换的文本 种情况，很可能是你的小腿水肿。怎么办呢？下面这套腿部去浮肿按摩法，每天睡前做一次，每次 10 分钟，能够有效的缓解腿部肌肉疲劳，粗壮浮肿的双腿！

因为在编辑文本时不小心开启了改写模式，就是键盘上的【Insert】键。此时只需要在 Word 文档中按一下【Insert】键即可退出改写模式。再按一下便可转换到改写模式。更改后即可正常输入文本。

【睡前 10 分钟瘦腿术　消除水肿塑线条】一些女生非常地想瘦腿，但总是瘦不下来，小腿还是一如既往的粗壮。这种情况，很可能是你的小腿水肿。怎么办呢？下面这套腿部去浮肿按摩法，每天睡前做一次，每次 10 分钟，能够有效的缓解腿部肌肉疲劳，粗壮消除浮肿的双腿！

痛点 2：软回车和硬回车有什么区别

软回车是【Shift+Enter】组合键产生的效果，一般文字后会有一个向下的箭头，如下图所示。

硬回车就是按住【Enter】键产生的效果，一般文字后面会有一个向左弯曲的向下的箭头，如下图所示。

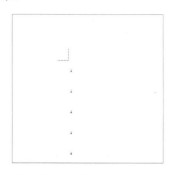

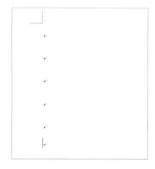

硬回车和软回车的主要区别是：软回车是在换行不分段的情况下进行编写，而硬回车在分段落起了很关键的作用，如果经常打字的朋友会深有体会。硬回车换出的行实在不敢恭维，行距太大了，以至于给排版造成了不小的困难，这时候软回车就派上用场了。软回车只占一个字节，但是要想在 Word 中直接输入软回车并不是那么容易，因为软回车不是真正的段落标记，它只是另起了一行而不是分段。所以它不是很利于文字排版，因为它无法作为单独的一段被赋予特殊的格式。

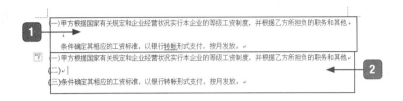

1 这是换行的软回车的效果。

2 这是分段的硬回车的效果。

大神支招

问：怎样才能随时随地轻松搞定重要事情的记录，并且还不会被遗忘？

这个其实很简单，只需要在手机中安装一款名称为"印象笔记"的应用就行了，印象笔记是一款多功能笔记类应用，不仅可以将平时工作和生活中的想法与知识记录在笔记内，还可以将需要按时完成的工作事项记录在笔记内，并设置事项的定时或者预定位置提醒。同时，笔记内容可以通过账户在多个设备之间进行同步，无论图片还是文字，都能做到随时随地记录一切！

1. 创建新笔记并设置提醒

可以根据需要选择其他笔记类型

1 下载并安装印象笔记，点击【点击创建新笔记】按钮。

2 选择【文字笔记】选项。

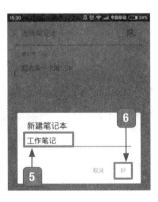

③ 点击 ▣ 按钮。　　　　　　　　⑤ 输入笔记本的名称。

④ 点击【新建笔记本】按钮。　　　⑥ 点击【好】按钮。

⑦ 输入笔记内容，并选中文本。　　⑫ 设置提醒时间。

⑧ 点击 A⁺ 按钮。　　　　　　　　⑬ 点击【完成】按钮。

⑨ 设置文字样式。　　　　　　　　⑭ 点击 ▆ 按钮。

⑩ 点击 ☺ 按钮。　　　　　　　　⑮ 创建新笔记后的效果。

⑪ 选择【设置日期】选项。

2. 删除笔记本

① 点击【所有笔记】按钮。

② 选择【笔记本】选项。

③ 长按要删除的笔记本名称。

 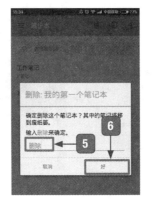

4 选择【删除】选项。

5 输入文字【删除】。

6 点击【好】按钮。

3. 搜索笔记

1 点击【搜索】按钮。

2 输入搜索内容。

3 显示搜索结果。

第2章

使用图和表格

>>> 看到别人文档里那些"稀奇古怪"的漂亮的字，是不是很羡慕呢？

>>> 为什么别人文档里的图片那么漂亮而且还那么适合呢？

>>> 为什么别人的图片比原图还漂亮呢？

>>> 如何制作高端、大气的公司宣传彩页？

带着这些问题，一起走进图文混排的世界吧。

2.1 使用艺术字

小白：大神，这个艺术字让我很烦恼，我插入的艺术字总是被指说没特色，好气哦！

大神：哈哈，那是你还不够了解它。你要使用它的话，肯定是有一定技巧的，可不是简简单单地把它放进文档中就行的，就像姑娘们出门要化妆一样，你得对它进行编辑，让它变得赏心悦目才行啊！具体的讲，像更改它的主题样式、背景颜色、字体样式等一系列的操作。

小白：噢，原来是这样啊，那你快给我演示一遍吧，我都等不及了！

2.1.1 插入艺术字

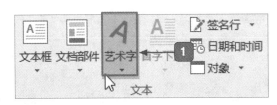

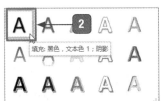

1　将鼠标光标放在要插入艺术字的位置，单击【插入】→【文本】→【艺术字】按钮的下拉按钮▼。

2　选择一种样式。

3　插入艺术字文本框。

4　在文本框中输入"制作公司宣传彩页"文本。

2.1.2 编辑艺术字

　　当我们插入好艺术字后，会发现好像没有想象中那么好看，那么接下来，就是我们对它进行编辑，打造出更靓丽的艺术字吧。

1. 更改艺术字的主题样式

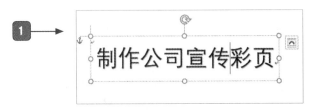

1. 选中艺术字。

2. 单击【绘图工具】→【格式】→【形状样式】→按钮。

3. 在弹出的下拉列表中选择一种主题样式。

4. 选择【细微效果 - 绿色，强调颜色6】之后的效果。

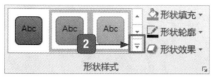

2. 更改艺术字的文字样式

1. 选中艺术字，单击【绘图工具】→【格式】→【艺术字样式】→按钮。

2. 在弹出的下拉菜单中选择任意一种样式。

3. 更改艺术字样式后的效果。

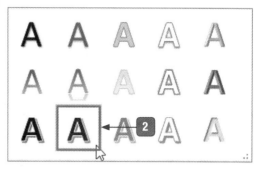

3. 更改艺术字的形状效果

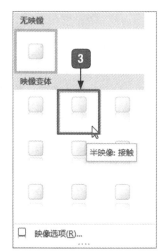

1️⃣ 单击【形状效果】下拉按钮▾。

2️⃣ 选择【映像】选项。

3️⃣ 在【映像变体】组中任意选择一
　　种样式。

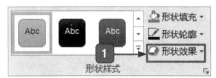

4️⃣ 设置映像变体后的效果。

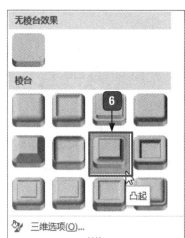

5️⃣ 选择【棱台】选项。

6️⃣ 选择【凸起】样式。

7️⃣ 设置棱台效果后的效果。

4. 更改艺术字形状效果的三维旋转效果

1 单击【形状效果】按钮。

2 选择【三维旋转】选项。

3 选择【离轴1：右】选项。

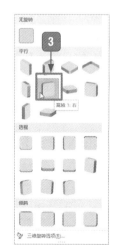

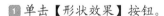

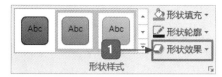

4 设置三维旋转后的效果。

5. 更改艺术字的文本填充效果

1 选中艺术字，单击【绘图工具】→【格式】→【艺术字样式】→【文本填充】按钮。

2 在【主题颜色】组中任选一种颜色。

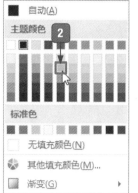

3 更改文本填充后的效果。

2.2 插入图片

很多时候，我们在制作文档时会用到图片。而这些图片的来源也是很丰
富的，如有的是已经存在计算机中可以随时用的，有的是要联机搜索的，还有的是要你从手
机中拿来用的等。然而，不同的来源就决定了它插入方式的多种多样。接下来将介绍如何插
入图片。

2.2.1 插入准备好的图片

1. 单击【插入】→【插图】→【图
片】按钮。
2. 选择"素材 \ch02\ 封面 .jpg"
文件。
3. 单击【插入】按钮。

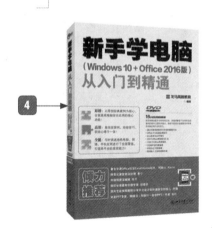

4. 插入图片后的效果。

2.2.2 裁剪图片大小

1.普通的大小裁剪

选中图片,在【图片工具】→【格式】→【大小】组中可裁剪图片。

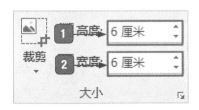

1 在【高度】微调框中输入【6厘米】。

2 在【宽度】微调框中输入【6厘米】。

3 更改图片大小后的效果。

2.按纵横比裁剪图片

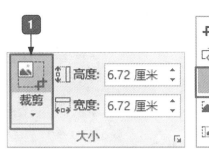

1. 选中图片，单击【裁剪】按钮的下拉按钮 ▼ 。

2. 在弹出的下拉列表中选择【纵横比】选项。

3. 选择【横向】组中的【4：3】选项。

4. 拖动这些黑线可以改变裁剪的范围。

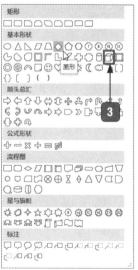

5. 裁剪图片后的效果。

3. 将图片裁剪为形状

选中图片，单击【图片工具】→【格式】→【大小】→【裁剪】按钮。

1. 单击【裁剪】按钮。

2. 在弹出的下拉列表中选择【裁剪为形状】选项。

3. 选择【基本形状】组中的任意一种形状。

4 将图片裁剪为形状后的
效果。

2.2.3 图片的调整与美化技巧

1. 更改图片的艺术效果

1 选中图片，单击【图片工具】→【格式】→【调整】→【艺术效果】按钮。

2 在弹出的下拉列表中选择一种艺术效果。

③ 设置图片艺术效果后的
效果。

2. 快速美化图片

① 选中图片，单击【图片工具】→【格式】
→【图片样式】→【其他】→▽按钮。

② 在弹出的下拉列表中选择一种样式。

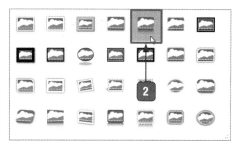

③ 设置图片样式为【映像圆
角矩形】后的效果。

2.3　使用图表的技巧

图表是一种可以让数据变得更直观的神奇的工具。但是相信很多人在制作文档的时候，都曾经被图表为难过，因为它总是不那么听话。那么本节就是教你了解它，让你更快、更轻松地驾驭它。

打开"素材 \02\ 图表 .docx"文档。

2.3.1　创建图表的方法

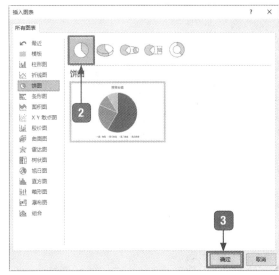

1. 将鼠标光标放在要插入图表的位置，单击【插入】→【插图】→【图表】按钮。
2. 在【插入图表】对话框中选择一种图表。
3. 单击【确定】按钮。

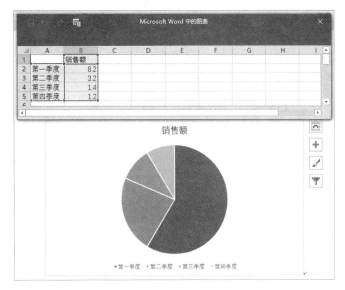

2.3.2 编辑图表中的数据

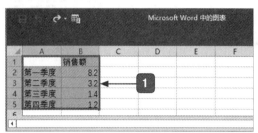

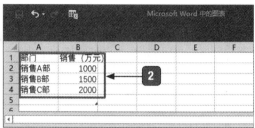

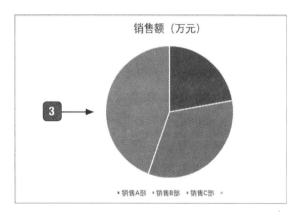

1 将 Excel 表中的数据全部删除。

2 在表格中输入数据。

3 插入饼状图后效果。

2.3.3 图表的调整与美化

1. 更改图表的布局

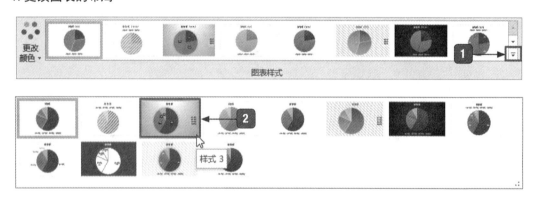

1 选中图表，单击【图片工具】→【设计】→【图表样式】→【其他】→▽按钮。

2 在弹出的下拉列表中任选一种样式。

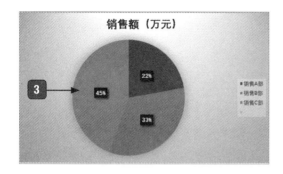

3 输入数据之后的效果。

2. 更改图表的颜色

图表样式

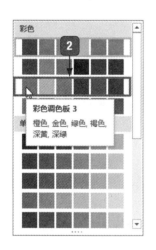

彩色调色板 3

橙色，金色，绿色，褐色，
深黄，深绿

1 选中图表,单击【图片工具】→【设计】→【图表样式】→【更改颜色】按钮。

2 在弹出的下拉列表中选择任意一种颜色组。

3 选择【彩色调色板 3】后的效果。

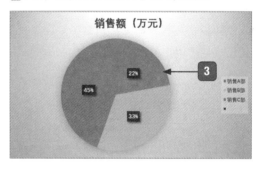

2.4 使用表格

　　表格？也许你要说，表格不是 Excel 的工作吗？ Word 也能做表格？当然喽，Word 表格的功能还非常强大呢！

2.4.1 快速插入表格

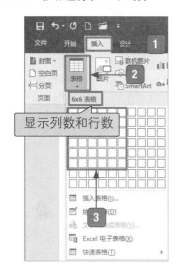

① 选择【插入】选项卡。

② 单击【表格】按钮。

③ 拖动鼠标选择插入表格的行数和列数。

④ 完成 6 行 6 列表格的创建。

2.4.2 插入行与列

1. 最常用的方法——通过功能区插入行与列

通过功能区插入行和列是最常用的方法，功能区中显示了多种命令按钮，选择选项卡后单击命令按钮就可以快速执行命令，适合需要在多处插入行或列时使用。此外，功能区还包含其他命令按钮，便于用户修改表格。

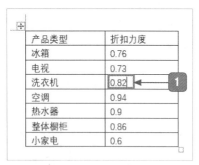

① 打开"素材 \ch02\ 产品类型 .docx"文件，将鼠标光标定位至要插入行位置所在单元格。

② 选择【布局】选项卡。

③ 单击【在上方插入】按钮。

④ 即可在所选单元格上方插入行。

提示:

【在上方插入】,即在选中单元格所在行的上方插入一行表格;【在下方插入】,即在选中单元格所在行的下方插入一行表格;【在左侧插入】,即在选中单元格所在列的左侧插入一列表格;【在右侧插入】,即在选中单元格所在列的右侧插入一列表格。

2. 最便捷的方法——使用⊕按钮

使用⊕按钮插入行和列是最快捷的方法,只需要将鼠标指针放在插入行(列)位置最左侧(最上方),就会显示⊕按钮,单击该按钮即可。

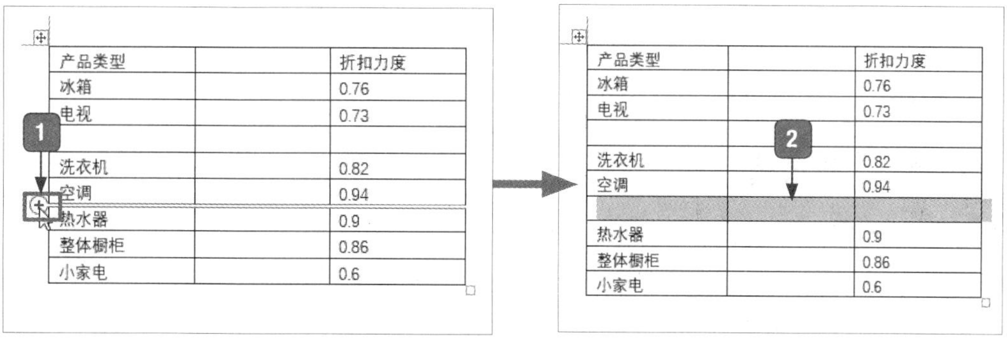

将鼠标指针放在两行之间,单击显示的⊕按钮。

即可快速在两行之间插入新行。

2.4.3 删除行与列

有时因为创建表格失误或者计划改变,需要删除表格的部分行或者列,那如何删除呢?删除列如下图所示。

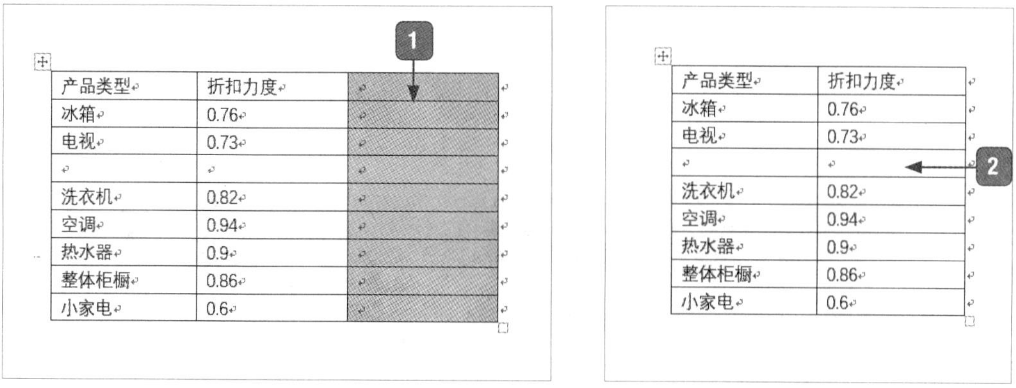

选中需删除的列,按下【Backspace】键。

删除列后的效果。

删除行，如下图所示。

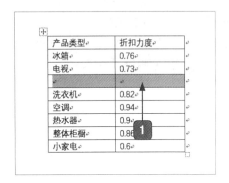

1 选中需删除的行，按下【Backspace】键。

2 根据提示，选择所需选项。单击【确定】按钮。

2.4.4 合并单元格

1. 最常用的方法——通过功能区合并单元格

通过功能区合并单元格是最常用的方法，不仅能快速完成合并单元格的操作，还可以方便选择其他表格编辑命令。

1 选择单元格区域。

2 选择【布局】选项卡。

3 单击【合并单元格】按钮。

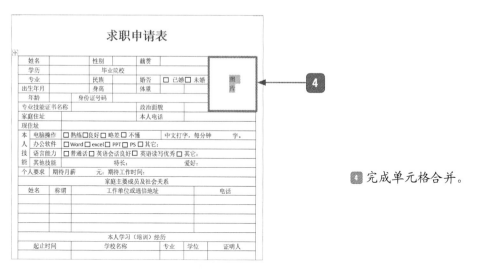

4 完成单元格合并。

2. 最便捷的方法——使用快捷菜单

使用快捷菜单合并单元格是最快捷的方法，只需要选择单元格区域并右击，在弹出的快捷菜单中选择【合并单元格】选项即可。

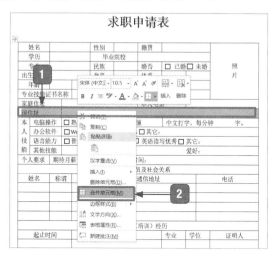

1 选择单元格区域并右击。

2 在弹出的快捷菜单中选择【合并单元格】选项。

2.4.5 拆分单元格

小白：一个单元格可以拆成两个吗？

大神：当然可以，使用拆分单元格！

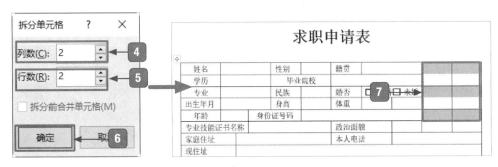

1. 将鼠标光标放在要拆分的单元格内。

2. 选择【布局】选项卡。

3. 单击【拆分单元格】按钮。

4. 设置拆分的列数。

5. 设置拆分的行数。

6. 单击【确定】按钮。

7. 拆分为两行两列的效果。

2.5 设置表格样式

你是不是觉得黑白色的表格好单调啊！其实，使用样式后你的表格瞬间变得"高大上"。

2.5.1 套用表格样式

小白：怎么使用样式啊？

大神：套用内置的表格样式就行！

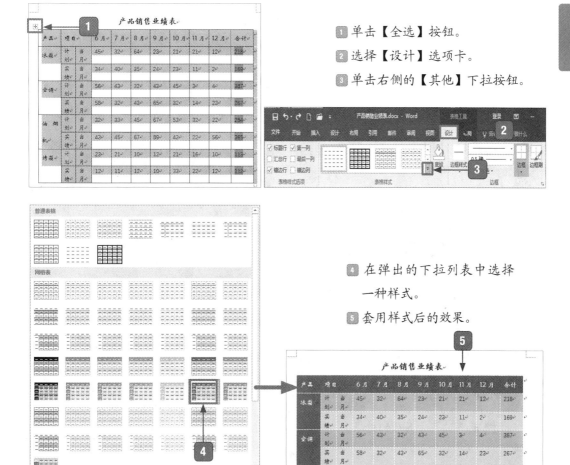

1 单击【全选】按钮。

2 选择【设计】选项卡。

3 单击右侧的【其他】下拉按钮。

4 在弹出的下拉列表中选择一种样式。

5 套用样式后的效果。

是不是很轻松？当然，套用样式后到底好不好看，就"仁者见仁智者见智"了。

2.5.2 设置对齐方式

小白：在一个大的单元格内，怎么让文字居中啊？

大神：设置对齐方式啊！

1 单击【全选】按钮。

2 选择【表格工具】→【布局】
选项卡。

> **提示：**
> 　　水平居中指的是左右方向和上下方向
> 都居中。

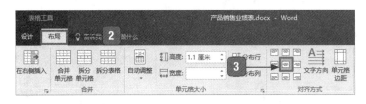

3 单击【水平居中】按钮。

4 设置对齐方式后的效果。

2.6 综合实战——制作公司宣传彩页

小白： 大神，求拯救！我们公司的领导让我为公司制作一个宣传彩页，既要
美观大方吸引眼球，还要内容严谨详细。但我从来没做过这种事情啊，我好烦哦！

大神： 莫慌，有我在！不用着急，只要掌握了我前面教给你的那些技能，这个对你来说就是
小菜一碟。公司的宣传彩页一定要有特色、有风格。接下来，就让我给你实际演练一

下吧！

小白：好哒！

打开"素材\02\公司宣传页.docx"文档。

1. 设置文本的字体和段落格式

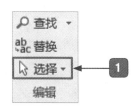

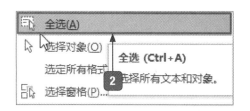

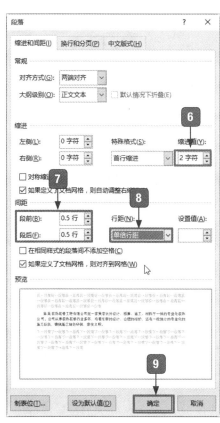

1️⃣ 单击【开始】→【编辑】→【选择】按钮的下拉按钮▼。

2️⃣ 选择【全选】选项。

3️⃣ 设置【字体】为【等线（中文正文）】。

4️⃣ 设置【字号】为【四号】。

5️⃣ 单击【段落】组中的 按钮。

6️⃣ 设置【缩进值】为【2字符】。

7️⃣ 设置【段前】【段后】间距为【0.5行】。

8️⃣ 设置【行距】为【单倍行距】。

9️⃣ 单击【确定】按钮。

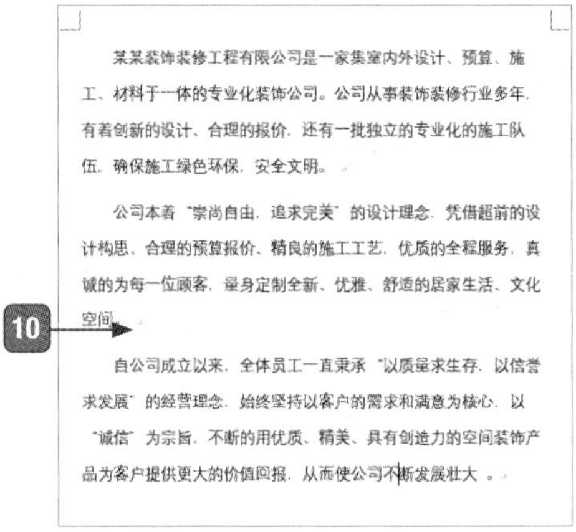

某某装饰装修工程有限公司是一家集室内外设计、预算、施工、材料于一体的专业化装饰公司。公司从事装饰装修行业多年，有着创新的设计、合理的报价，还有一批独立的专业化的施工队伍，确保施工绿色环保，安全文明。

公司本着“崇尚自由，追求完美”的设计理念，凭借超前的设计构思、合理的预算报价、精良的施工工艺，优质的全程服务，真诚的为每一位顾客，量身定制全新、优雅、舒适的居家生活、文化空间。

自公司成立以来，全体员工一直秉承“以质量求生存，以信誉求发展”的经营理念，始终坚持以客户的需求和满意为核心，以“诚信”为宗旨，不断的用优质、精美、具有创造力的空间装饰产品为客户提供更大的价值回报，从而使公司不断发展壮大。

⑩设置后的效果。

2. 添加并编辑艺术字

单击【插入】→【文本】→【艺术字】按钮。插入【填充：黑色，文本色1；边框：白色，背景色1；清晰阴影；蓝色，主题色5】，给艺术字添加【紧密影像：接触】的效果，设置【曲线：下】弯曲效果，并将文字环绕方式设置为【上下型环绕】。设置完成后的效果如下图所示。

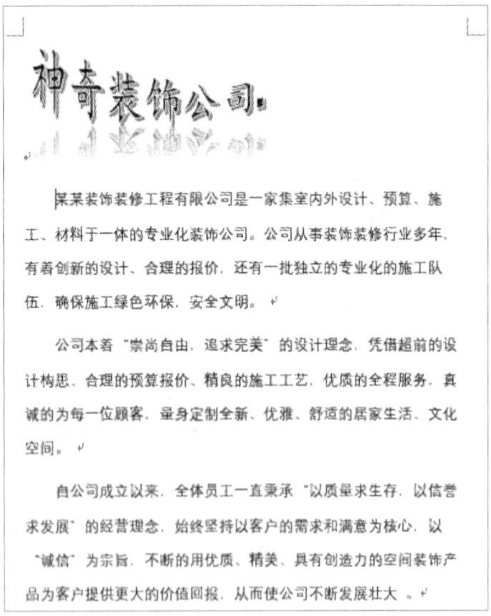

神奇装饰公司

某某装饰装修工程有限公司是一家集室内外设计、预算、施工、材料于一体的专业化装饰公司。公司从事装饰装修行业多年，有着创新的设计、合理的报价，还有一批独立的专业化的施工队伍，确保施工绿色环保，安全文明。

公司本着“崇尚自由，追求完美”的设计理念，凭借超前的设计构思、合理的预算报价、精良的施工工艺，优质的全程服务，真诚的为每一位顾客，量身定制全新、优雅、舒适的居家生活、文化空间。

自公司成立以来，全体员工一直秉承“以质量求生存，以信誉求发展”的经营理念，始终坚持以客户的需求和满意为核心，以“诚信”为宗旨，不断的用优质、精美、具有创造力的空间装饰产品为客户提供更大的价值回报，从而使公司不断发展壮大。

3. 插入文本框

将鼠标光标放在要插入文本框的位置，选择【插入】→【文本】→【文本框】→【奥斯汀提要栏】选项。插入之后在文本框中输入文字，并调整文本框的大小。完成后的效果如下图所示。

4.添加并编辑图片

打开"素材\ch02\装饰.jpg"图片。

将鼠标光标放在要插入图片的位置，单击【插入】→【插图】→【图片】按钮，然后选中图片并单击【插入】按钮将图片插入文档中，然后将图片的文字环绕方式设置为【紧密型环绕】，并将图片的大小设置为合适的尺寸。最终的效果如下图所示。

痛点解析

痛点1：为何段落中的图像显示不完整

小白：大神，我在文档中插入图片之后，却发现它没办法显示完全，图片就像被 Word 砍掉了一部分一样，我该怎么办啊？

大神：别急，解决方法其实很简单的。你只要改改段落设置就可以了，具体的操作让我来给你演示一遍吧。

小白：好哒！

打开"素材\02\不完整图编辑.docx"文档。

1 单击【开始】→【段落】→【段落设置】按钮 ⬚ 。

2 设置【行距】为【单倍行距】。

3 单击【确定】按钮。

设置完成后的效果如下图所示。

痛点 2：多个图形的选择与排列

　　有的时候，我们会在文档中插入很多个图形，然而这个时候，如果没有排列就显得版面很杂乱，严重影响效果，有没有？这个时候，如果我们可以同时选择多个图形并排列它们，不仅会让文档更有吸引力，而且也会显得我们很有水平，哈哈！好了，下面就开始工作吧！

　　打开"素材 \02\ 多个图形 .docx"文档。

1. 快速选中多个图形

 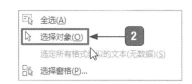

1️⃣ 单击【开始】→【编辑】→【选择】按钮。

2️⃣ 在弹出的下拉列表中选择【选择对象】选项。

3️⃣ 按住鼠标左键，然后拖动鼠标，框选多个图形。

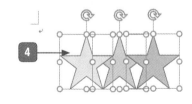

4️⃣ 显示完整图片后的效果。

2. 设置图形的叠放顺序

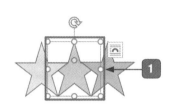  

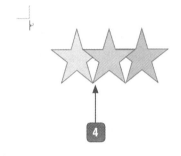

1 右击粉色图形。

2 在弹出的快捷菜单中选择【置于顶层】命令。

3 选择【置于顶层】选项。

4 选择多个对象叠放顺序后的效果。

大神支招

问： 如何管理日常工作、生活中的任务，并且根据任务划分优先级别？

　　Any.DO 是一款帮助用户在手机上进行日程管理的软件，支持任务添加、标记完成、优先级设定等基本服务，通过手势进行任务管理等服务，如通过拖放分配任务的优先级，通过滑动标记任务完成，通过抖动手机从屏幕上清除已完成任务等。此外，Any.DO 还支持用户与亲朋好友共同合作完成任务。用户新建合作任务时，该应用提供联系建议，对那些非 Any.DO 用户成员也支持电子邮件和短信的联系方式。

1. 添加新任务

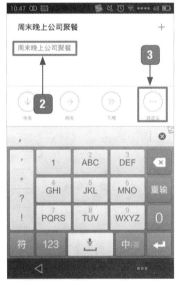

1 下载并安装 Any.DO，进入主界面，点击【添加】按钮。

2 输入任务内容。

3 点击【自定义】按钮，设置日期和时间。

4 完成新任务添加。

2. 设定任务的优先级

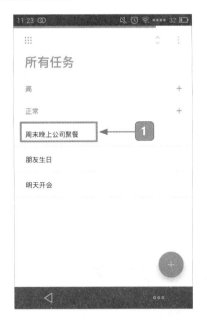

1️⃣ 进入所有任务界面，选中要设
   定优先级的任务。

2️⃣ 点击星形按钮。

3️⃣ 按钮变为黄色，将任务优先级
   设定为【高】。

3. 清除已完成任务

① 已完成任务将会自动添加删除线，点击其后的【删除】按钮即可删除。

② 如果有多个要删除的任务，点击该按钮。

③ 选择【清除已完成】选项。

④ 点击【是】按钮。

⑤ 已清除完成的任务。

第3章

文档的高级排版操作

>>> 你能想象，我们能像刷墙一样轻松地修改文档格式吗？

>>> 你想让你的文档分成两栏、三栏显示吗？

>>> 你知道样式可以轻松地调整整篇文档的大纲和格式吗？

>>> 你还在一次一次地重复做着格式完全一样的文档吗？

本章就带你进一步学习文档的排版操作，让你更加了解 Word 的神奇！

3.1 设置页面版式布局

小白：最近我们部门的一个同事，文章内容写得还没我好呢，却被老板赏识。

大神：嗯？那他肯定有别的绝招吧。

小白：不就是会布局。

大神：哈哈，你可别小瞧了这个页面布局。想被老板赏识，就来跟我学学吧。

3.1.1 设置页边距

页边距就是文档内容和纸张边缘的距离，可别小看这个距离，用得不好，不仅难看，可能还会造成部分数据不能打印。

看看下面这篇文档吧。

1 单击【布局】选项卡下【页面设置】组中的【页边距】下拉按钮。

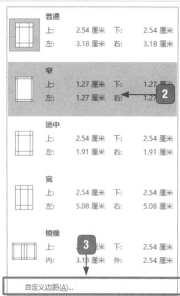

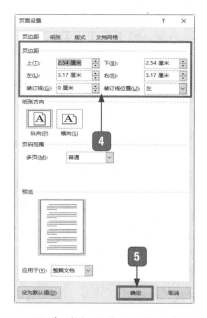

2 在弹出的下拉列表中，根据需要选择合适的页边距。

3 没有合适的，选择【自定义边距】选项。

4 在弹出的【页面设置】对话框中根据自己实际情况设定，此处设置上下均为 2.54 厘米、左右均为 3.17 厘米。

5 单击【确定】按钮。　　　　6 自定义页边距后的效果。

> 策划案技巧：
>
> 1、条理一定要清楚，分类要合理，一般包括以下几部分：
>
> 活动目的、可行性分析、活动内容(这个最重要)、分工(含工作推进)、预算：
>
> 2、活动内容这一块应包含以下几个方面的内容： ← 6
>
> 宣传(包含宣传形式以及宣传日程)：
>
> 报名(又叫参赛方式，含报名时间、报名方式、参赛要求等等)：

3.1.2 设置纸张大小

纸张大小就是指你在打印时使用什么样规格的纸张，如 A4、B5 等。

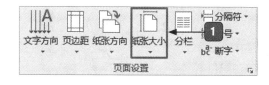

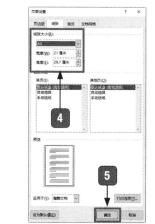

1 单击【布局】选项卡下【页面设置】组中的【纸张大小】下拉按钮。

2 在弹出的下拉列表中选择根据自己需要的纸张大小。

3 没有合适的，选择【其他纸张大小】选项。

4 在弹出的【页面设置】对话框中根据自己实际情况设定，此处设置宽度为【21厘米】，高度为【29.7厘米】。

5 单击【确定】按钮。

51

⑥ 设置纸张后的效果。

提示:

这种修改也可以在单击【布局】选项卡下【页面设置】组的功能扩展按钮 🖳 。

1 单击该按钮。

2 在这里可以进行页边距、纸张方向和纸张大小的设置。

3 单击【确定】按钮。

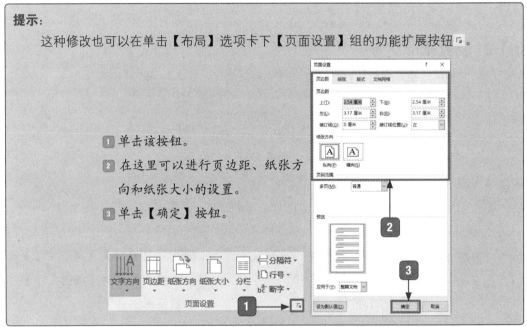

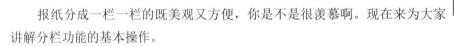

3.2 使用分栏排版

报纸分成一栏一栏的既美观又方便，你是不是很羡慕啊。现在来为大家讲解分栏功能的基本操作。

3.2.1 创建分栏版式

1 打开文档，单击【布局】选项卡下【页面设置】组中的【分栏】下拉按钮。

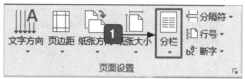

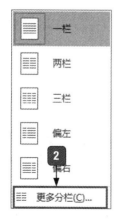

2 在弹出的下拉列表中选择【更多分栏】选项。

> **提示：**
> 如果不需要特殊设置，那就直接单击【两栏】按钮。

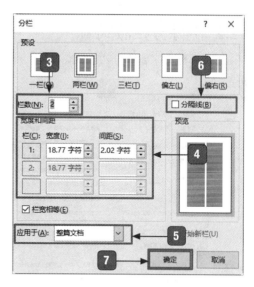

3 设置【栏数】为【2】。

4 设置宽度和间距。

5 设置应用区域。

6 设置是否需要分隔线。

7 单击【确定】按钮。

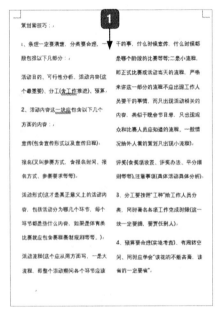

⑧ 设置分栏后的效果。

3.2.2 删除分栏版式

选择部分文字删除分栏版式。

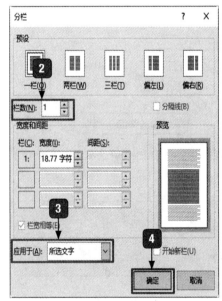

① 选中分栏的文字。

② 将【栏数】设置为【1】。

③ 【应用于】设置为【所选文字】。

④ 单击【确定】按钮。

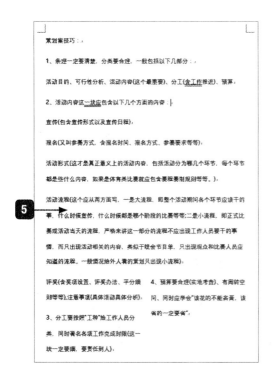

5 取消分栏版式后的效果。

3.3 设置样式

样式是指一组已经被命名的字符格式或段落格式。通过使用样式就可以给文本设定一套格式。使用样式可以提高工作效率，保证格式的一致性，使用样式可以方便修改，修改了样式就可以指定为这一样式的所有文本都作出修改。

Word 2016 自带样式功能，如下图所示。

3.3.1 基于现有内容的格式创建新样式

我们常常根据事先设置的文本格式或者段落格式来进行新样式的创建，并添加到样式库中，以方便在其他文本或段落中应用同样的格式。

打开文档，选择已经设计好的格式并且想要做成样式的第一段文本。

时间是有限的，同样也是无限的，有限的是每年只有三百六十五天，每天二十四小时，但它周而复始的在流逝。人生匆匆不过几十个春秋，直止老去的那天，时间还是那样，每一分每一秒的在走，像是无限的一样，但它赋予我们每个人的生命是有限的。

做人就要有目标，干一番轰轰烈烈的事业，就算没有成功，回过头来仔细想想看，至少自己努力去做过，没有浪费时间，更没有虚度光阴。正所谓"一寸光阴一寸金，寸金难买寸光阴"，钱是一分一分挣来的，浪费了多少时间就等于是浪费了多少金钱。所以每一天，每一小时，每一分钟都很有价值。

1 选中指定的内容。
2 单击【样式】按钮。

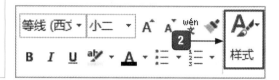

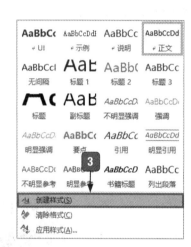

3 在弹出的下拉列表中选择【创建样式】选项。
4 更改名称。
5 单击【确定】按钮。

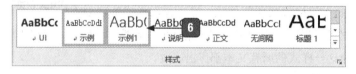

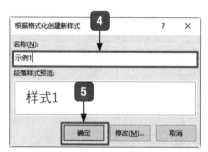

6 即可在样式栏看到创建的样式。

时间是有限的，同样也是无限的，有限的是每年只有三百六十五天，每天二十四小时，但它周而复始的在流逝。人生匆匆不过几十个春秋，直止老去的那天，时间还是那样，每一分每一秒的在走，像是无限的一样，但它赋予我们每个人的生命是有限的。

做人就要有目标，干一番轰轰烈烈的事业，就算没有成功，回过头来仔细想想看，至少自己努力去做过，没有浪费时间，更没有虚度光阴。正所谓"一寸光阴一寸金，寸金难买寸光阴"，钱是一分一分挣来的，浪费了多少时间就等于是浪费了多少金钱。所以每一天，每一小时，每一分钟都很有价值。

7 选中第 2 段文本。
8 选择创建的样式。

时间是有限的，同样也是无限的，有限的是每年只有三百六十五天，每天二十四小时，但它周而复始的在流逝。人生匆匆不过几十个春秋，直止老去的那天，时间还是那样，每一分每一秒的在走，像是无限的一样，但它赋予我们每个人的生命是有限的。

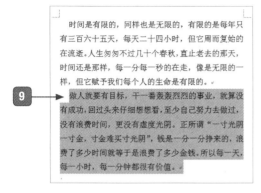

做人就要有目标，干一番轰轰烈烈的事业，就算没有成功，回过头来仔细想想看，至少自己努力去做过，没有浪费时间，更没有虚度光阴。正所谓"一寸光阴一寸金，寸金难买寸光阴"，钱是一分一分挣来的，浪费了多少时间就等于是浪费了多少金钱。所以每一天，每一小时，每一分钟都很有价值。

9 应用样式后的效果。

3.3.2 修改样式

在不同的文档编辑阶段，我们可能会对文本格式有着不同的需求。如果对文本进行了样式的设定，那么当对样式有了新要求时，只需要对样式进行修改，新的样式将自动更新到所设置该样式的文本中。

打开 Word 文档，如下图所示。

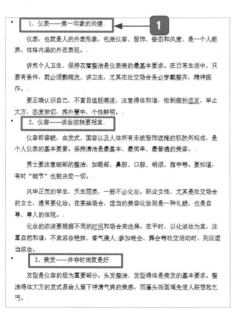

1 选中标题行。

2 选择【样式】列表中【标题3】选项，设置标题后的效果。

此时你可能觉得，系统给的样式不符合你的审美标准，那也简单，来修改它的格式吧。

我们可以看到此时【标题3】样式的字体为"中文标题"、字体颜色为"着色1"等基本信息。

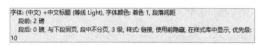

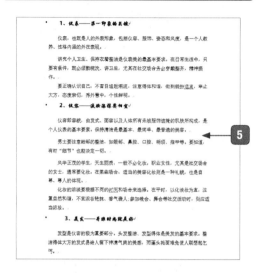

1️⃣ 选中【标题3】并右击。

2️⃣ 在弹出的快捷菜单中选择【修改】命令。

3️⃣ 设置字体为【华文行楷】，字号为【四号】加粗，字体颜色为【黑色】。

4️⃣ 单击【确定】按钮。

5️⃣ 修改样式后的标题显示效果。

3.3.3 删除文档中的样式

打开 Word 2016，选中所要删除样式的文本。

时间是有限的，同样也是无限的，有限的是每年只有三百六十五天，每天二十四小时，但它周而复始的在流逝。人生匆匆不过几十个春秋，直止老去的那天，时间还是那样，每一分每一秒的在走，像是无限的一样，但它赋予我们每个人的生命是有限的。

1. 选中文本后，单击【开始】选项卡下【样式】组中的【其他】按钮。

2. 在弹出的下拉列表中选择【清除格式】选项。

时间是有限的，同样也是无限的，有限的是每年只有三百六十五天，每天二十四小时，但它周而复始的在流逝。人生匆匆不过几十个春秋，直止老去的那天，时间还是那样，每一分一秒的在走，像是无限的一样，但它赋予我们每个人的生命是有限的。

3. 删除样式后的效果。

3.4 页眉和页脚

有时我们设置页眉页脚。那什么是页眉页脚呢？简单地说，就是你的文档除正文以外，最上面和最下面的内容。

如何设置页眉和页脚呢，打开文档，如下图所示。

时间是有限的，同样也是无限的，有限的是每年只有三百六十五天，每天二十四小时，但它周而复始的在流逝。人生匆匆不过几十个春秋，直止老去的那天，时间还是那样，每一分每一秒的在走，像是无限的一样，但它赋予我们每个人的生命是有限的。

做人就要有目标，干一番轰轰烈烈的事业，就算没有成功，回过头来仔细想想看，至少自己努力去做过，没有浪费时间，更没有虚度光阴。正所谓"一寸光阴一寸金，寸金难买寸光阴"，钱是一分一分挣来的，浪费了多少时间就等于是浪费了多少金钱。所以每一天，每一小时，每一分钟都很有价值。

1 单击【插入】选项卡下【页眉和页脚】组中的【页眉】下拉按钮，选择合适的页眉格
　　式，此处选择【空白】选项。

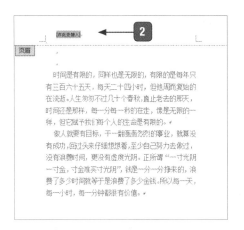

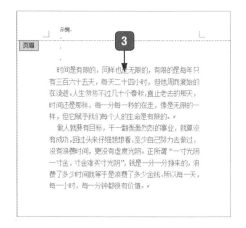

2 在页眉处编辑文字。

3 插入页眉后的效果。

完成插入后，单击【页眉和页脚工具】
→【设计】选项卡下【关闭】组中的【关闭
页眉和页脚】按钮■或者双击文档空白处，
即退出页眉编辑，如下图所示。

同理，页脚插入方法类似。效果如下图
所示。

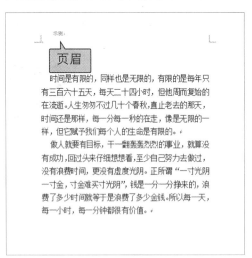

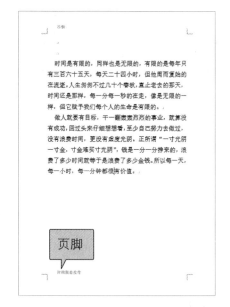

3.5 插入页码

　　大家看书的时候，都知道书下面有页码，对不对，可是那个页码是怎么
添加上去的呢？

3.5.1 添加页码

先来学习添加页码吧，打开不包含页码的文档，如下图所示。

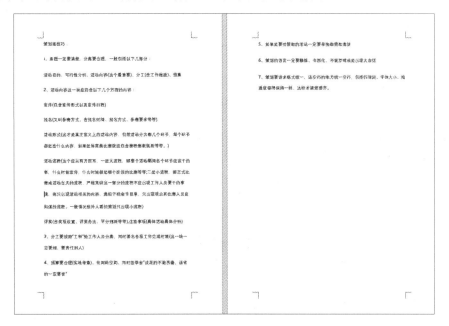

1 单击【插入】选项卡下【页眉和页脚】组中的【页码】下拉按钮，选择一个合适插入页码的位置，此处以页面底端为例。

2 选择【普通数字2】选项。

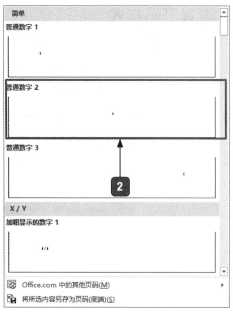

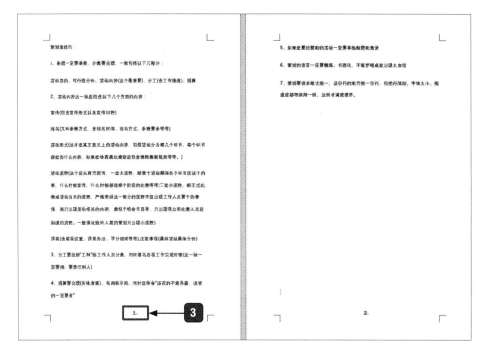

③ 插入页码后的效果。

3.5.2 设置页码格式

如果你觉得单独写个1、2、3太单调，那我们就来设置页码的格式吧。

① 单击【页码】下拉按钮，在弹出的下拉列表中选择【设置页码格式】选项。

② 在【页码格式】对话框中设置编号格式为【a,b,c,…】，起始页码为【a】。

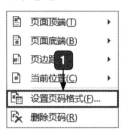

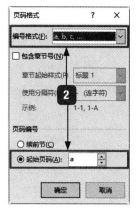

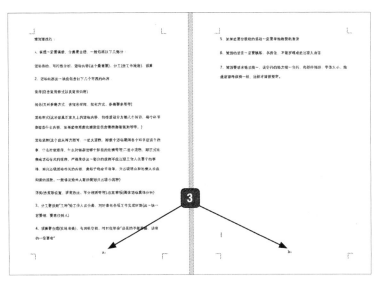

③ 设置页码格式后的效果。

3.6 综合实战——制作商务邀请函

小白：今天又要加班了。老板让我制作一个商务邀请函。

大神：这章教你的没有学会吗？

小白：会是会了，就是不知道整个流程是什么。

大神：好吧，我来帮你整理下。

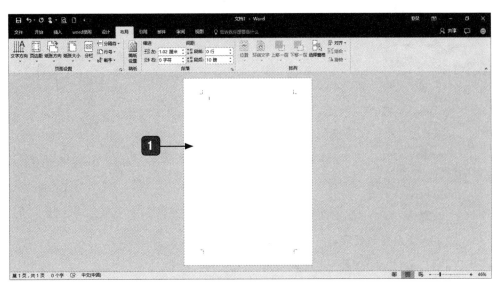

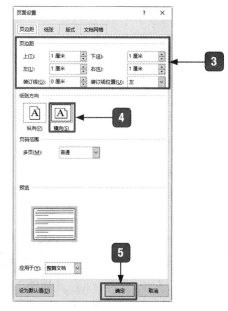

1 新建空白文档。

2 单击【布局】选项卡下【页面设置】组中的【页面设置】按钮。

3 将页边距上下左右均设置为【1厘米】。

4 设置【纸张方向】为【横向】。

5 单击【确定】按钮。

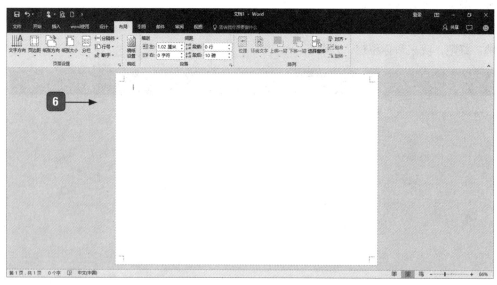

6 插入页眉后的效果。

7 将"素材\ch03\商务邀请函.docx"复制到文档中。

8 单击【页面颜色】下拉按钮。

9 在弹出的下拉列表中选择
【填充效果】选项。

10 在【填充效果】对话框中
选择合适的纹理。

11 单击【确定】按钮。

12 设置后的效果。

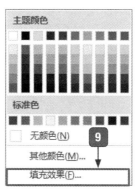

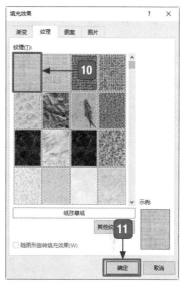

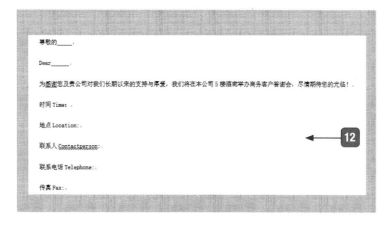

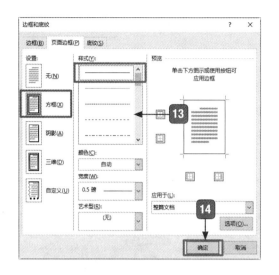

13 在【边框和底纹】对话框中选择适合的页面边框和样式。

14 单击【确定】按钮。

15 设置边框后的效果。

16 选中文本，进行字体效果设置。

17 设置字体后的效果。

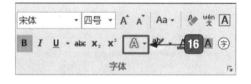

提示：

Word 文档中有联机模板哦。

18 单击【插入】选项卡下【页面】组中的
   【分页】按钮。

19 设置分页后的效果。

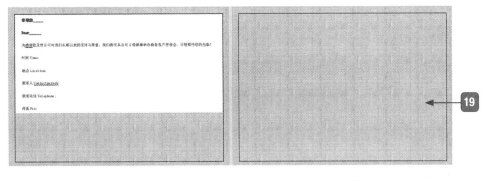

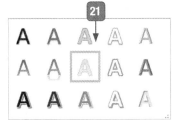

20 单击【插入】选项卡下【文本】组中的【艺术字】按钮。

21 在弹出的下拉列表中选择一种艺术字样式。

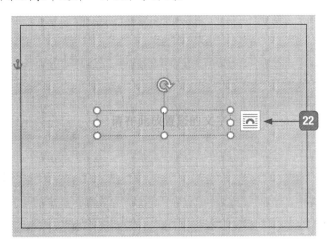

22 插入艺术字文本框。

23 单击【艺术字样式】组中的【文本效果】
按钮。

24 在弹出的下拉列表中选择文本效果。

25 设置艺术字大小后的效果。

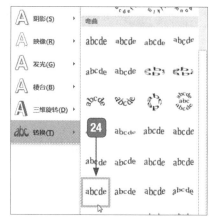

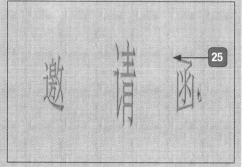

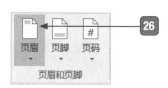

26 单击【插入】选项卡下【页眉
和页脚】组中的【页眉】按钮。

27 在弹出的下拉列表中选择【空
白】选项。

[28] 对页面编辑后的效果。

[29] 单击【插入】选项卡下【页眉和页脚】组中的【页码】按钮，在弹出的下拉列表中选择【页面底端】选项下的【普通数字2】选项。

[30] 制作的邀请函最终效果。

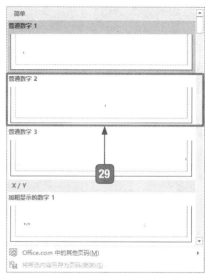

痛点解析

痛点1：如何去除文档上的页眉线

小白：大神，我制作的文档本来觉得太过于简单，就在页面上插入了页眉，可是编辑完成后，竟然还有一条直线在下面，文档变得更难看了。

大神：哈哈，这就尴尬了。

小白：你就别笑了，有什么方法能帮我解决这个问题吗？

大神：当然了，跟我来。

1 打开插入页眉的文档。

2 单击【开始】选项卡下【样式】组中的【其他】按钮。

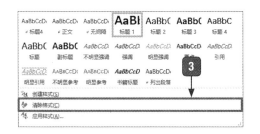

3 在弹出的下拉列表中选择【清除格式】选项，完成页眉线的删除。

4 清除页眉线后的效果

痛点2：收缩文档的页面数量

小白：有时候我的文档在下一页就多出来一点，怎么才能把它们放到一页呢？

大神：你可以尝试缩小页边距、行间距等。

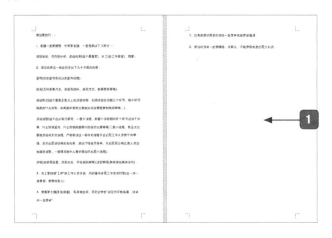

1 打开文档。

2 单击【布局】选项卡下【页面设置】组中的【页边距】下拉按钮。

3 在弹出的下拉列表中选择【自定义边距】选项。

4 在【页面设置】对话框中将页边距上下左右都设置为【1厘米】。

5 单击【确定】按钮。

6 收缩后最终的效果。

大神支招

问：使用手机办公时，如果出现文档打不开或者打开后显示乱码，要如何处理？

使用手机办公打开文档时，可能会出现文档无法打开或者文档打开后显示乱码，这时候可以根据要打开的文档类型选择合适的应用程序打开文档。

1. Word/Excel/PPT 打不开怎么办

1 下载并安装 WPS Office，点击【打开】按钮

2 点击【使用 WPS Office】按钮

3 点击【打开】按钮

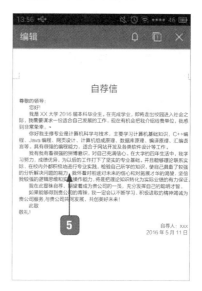

④ 选择要打开的文档。　　　　　　　⑤ 即可正常打开 Word 文档。

2. 文档显示乱码怎么办

① PDF 格式文档可以下载安装 Adobe Acrobat 软件，点击【打开】按钮。

② 选择要打开的 PDF 文档。

3. 压缩文件打不开怎么办

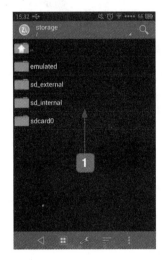  

① 下载、安装并打开 ZArchiver 应用。

② 选择要解压的压缩文件。

③ 点击【解压】按钮。

④ 即可完成解压，显示所有内容。

第4章

>>> 如果你需要移动一部分数据，怎么办？

>>> 如果你想删除一部分单元格，怎么办？

>>> 你知道删除单元格后，会带来什么后续影响吗，
又该如何处理呢？

>>> 如果你想把一部分数据隐藏起来，不让别人看，
怎么办？

学习完本章内容后你将解决这些难题！

单元格和工作表

4.1 选定单元格

什么是单元格呢？顾名思义，它是一个"单元"，呈网格状，它是组成表格的最小单位，每一行与列交叉就是一个单元格。通俗地讲，当你打开 Excel 时，你所看到中心的大工作区由许多小格组成，这里的小格就称为"单元格"了。只有我们选定单元格，才能够在表格中编辑和输入我们工作所需要的内容。

Excel 2016 提供了多种选定单元格的方法，能够使用鼠标选定、键盘选定、按条件选定。你可以在多种方法中选择喜欢的方法来选定单元格。

4.1.1 使用鼠标选定单元格

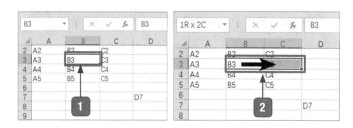

1️⃣ 只需要选中一个单元格时，直接单击该单元格。

2️⃣ 需要选中连续的单元格时，按住鼠标左键拖动到最后一个单元格即可。

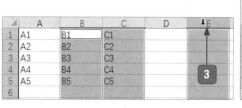

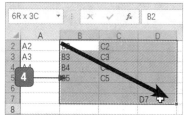

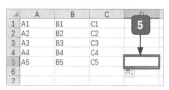

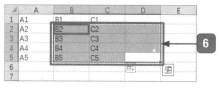

3️⃣ 若选择整行整列，单击行号及列号即可。选择不连续的行时，按下【Ctrl】键同时选定行号即可。

4️⃣ 单击 B2 单元格不放，拖动到【D7】

即可选定图中所示矩形单元格。

5️⃣ 选中一个单元格，按住【Shift】键。

6️⃣ 单击【B2】单元格，即可选中两单元格间成矩形的所有单元格。

4.1.2 使用键盘选定单元格

使用键盘选定单元格有几种方法，常用的有：使用键盘的【Ctrl+A】组合键将单元格全部选中；选定指定区域的单元格，可以用【Shift+ 方向键】选定。

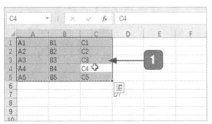

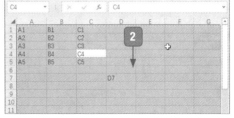

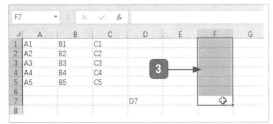

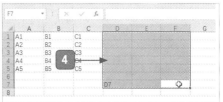

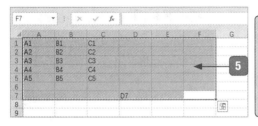

提示:

在利用【Ctrl+Shift+ 方向键】组合键时,如果在没有数据的部分使用,则会选中某一个方向所有的行或列。

1 选中一个单元格,按【Ctrl+A】组合键,单元格周围有数据的单元格将被选中。

2 再次按【Ctrl+A】组合键,整个工作簿所有单元格都将被选中。

3 选中一个单元格,按住【Ctrl + Shift】组合键的同时按上方向键,可向上选中。

4 按住【Ctrl + Shift】组合键的同时按右方向键,能选中单元格以右的更多单元格。

5 按住【Ctrl + Shift】组合键的同时按左方向键,能选中单元格以左的更多单元格。

4.1.3 按条件选定单元格

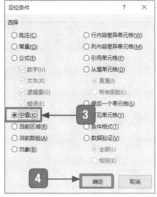

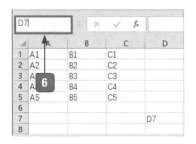

1 单击【开始】→【编辑】→【查找和选择】按钮。

2 在弹出的下拉列表中选择【定位条件】选项。

> **提示:**
> 　　定位的快捷键是【Ctrl+G】组合键或者【F5】键，这样可以直接弹出定位条件，选择条件即可。

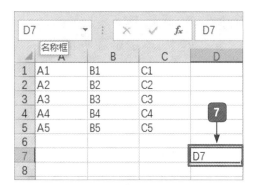

3 在【定位条件】对话框中选中选择【空值】单选按钮。

4 单击【确定】按钮。

5 工作区内的空值被选中后的效果。

6 在名称框内输入要选定的单元格的名称，可以直接选中单元格。

7 输入要选定的单元格的名称后，按【Enter】键就能选中单元格。

4.2 单元格操作

　　在你使用 Excel 的时候，要是编辑的内容错误，或者编辑内容放错了单元格该怎么移动？怎样简单快速地移动呢？编辑的两个单元格的内容一样，怎么处理呢？这时候你肯定想偷懒不重新整理数据，而是想通过复制、移动等简单操作处理，该怎么办呢？下面告诉你答案。

4.2.1 插入单元格

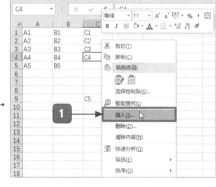

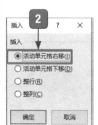

1 在需要插入单元格的区域右击，在弹出的快捷菜单中选择【插入】选项。

2 在弹出的【插入】对话框中选中【活动单元格右移】单选按钮。

3 原来的【C4】和【D4】都右移了一格后的效果。

4.2.2 插入行或列

行列数目太少不够用？【插入】选项来帮你！

1. 插入行

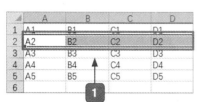

1 选中需要插入的行。

2 在被选中的区域右击，在弹出的快捷菜单中选择【插入】选项。

3 新的一行插入后的效果。

2. 插入列

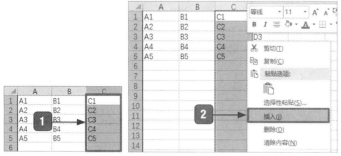
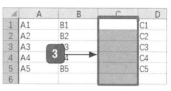

1 选中想要插入的列。

2 在选中区域任意位置右击，在弹出的快捷菜单中选择【插入】选项。

3 新的一列插入后的效果。

4.2.3 删除单元格

单元格添加错误？单元格重复？没关系，你可以一键将它删除。

1 选中要删除的单元格【C3】并右击，在弹出的快捷菜单中选择【删除】选项。

2 可以根据你的需求选择不同的删除方式，这里我们选择在【删除】对话框中选中【下方单元格上移】单选按钮，单击【确定】按钮。

提示：
如果只需要删除单元格中的内容，而不希望其他单元格移动，只需选择【删除】下方的【清除内容】选项即可。

3 删除单元格后的效果。

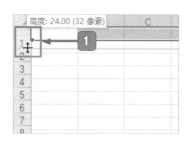

4.2.4 使用鼠标调整行高和列宽

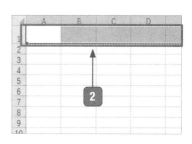

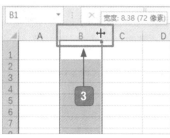

1 选中需要修改的行，将鼠标指针移动到行序号 1 和 2 之间，出现 ✛ 标志时，按住鼠标左键向下拖动至需要调整的高度。

2 调整高度后的效果。

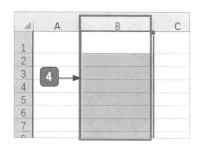

③ 选中需要修改的列，将鼠标指针移动到列序号 B 和 C 之间，出现 ✚ 标志时，按住鼠标左键向右拖动至需要调整的宽度。

④ 调整宽度后的效果。

4.3 设置单元格格式

设置单元格格式说起来简单，做起来也简单，但却容易犯错，如果我们设置到位的话，会节约很多的时间。

4.3.1 设置字符格式

在使用 Excel 制作表的过程中，赏心悦目的字符需要多彩的颜色、不同的字号、完美的字体等点缀，那么完成这一系列动作的过程就是设置字符格式。

① 打开需要设置字符格式的表格。

② 选中单元格 A1:F8。

③ 设置字体为【方正姚体】。

④ 设置字号为【12】。

⑤ 设置字体颜色为【蓝色】。

⑥ 设置字符格式后的效果。

4.3.2 设置单元格对齐方式

在 Excel 2016 中，单元格默认的对齐方式有左对齐、右对齐和合并居中等。其实对齐方式有左对齐、右对齐、居中、减少缩进量、增加缩进量、顶端对齐、底端对齐、垂直居中、自动换行、方向、合并后居中。用户根据需求选择相应的对齐方式即可。

<table>
<tr><td></td><td>A</td><td>B</td><td>C</td><td>D</td><td>E</td><td>F</td></tr>
<tr><td>1</td><td>序号</td><td>项目</td><td>数量</td><td>单位</td><td>单价</td><td>合计</td></tr>
<tr><td>2</td><td>1</td><td>大厅饭厅抛光砖</td><td>200</td><td>块</td><td>80</td><td>16000</td></tr>
<tr><td>3</td><td>2</td><td>阳台地面仿古砖</td><td>200</td><td>块</td><td>35</td><td>7000</td></tr>
<tr><td>4</td><td>3</td><td>厨房防护砖</td><td>280</td><td>块</td><td>50</td><td>14000</td></tr>
<tr><td>5</td><td>4</td><td>厨房墙身砖</td><td>100</td><td>片</td><td>50</td><td>5000</td></tr>
<tr><td>6</td><td>5</td><td>砖地脚线</td><td>5</td><td>m</td><td>20</td><td>100</td></tr>
<tr><td>7</td><td>6</td><td>房间复古木地板</td><td>100</td><td>m</td><td>30</td><td>3000</td></tr>
<tr><td>8</td><td>7</td><td>门槛（大理石）</td><td>10</td><td>m</td><td>20</td><td>200</td></tr>
<tr><td>9</td><td>8</td><td>沐浴花洒</td><td>6</td><td>套</td><td>60</td><td>360</td></tr>
<tr><td>10</td><td>9</td><td>洗衣机龙头及备用龙头</td><td>10</td><td>个</td><td>10</td><td>100</td></tr>
<tr><td>11</td><td>10</td><td>客厅大吊灯</td><td>2</td><td>盏</td><td>120</td><td>240</td></tr>
<tr><td>12</td><td>11</td><td>筒灯</td><td>8</td><td>套</td><td>80</td><td>640</td></tr>
<tr><td>13</td><td>12</td><td>T4管</td><td>20</td><td>m</td><td>20</td><td>400</td></tr>
<tr><td>14</td><td>13</td><td>房间吸顶灯</td><td>4</td><td>盏</td><td>50</td><td>200</td></tr>
</table>

提示：
单元格默认文本是左对齐，数字是右对齐。

1 打开"素材 /ch04/ 装修预算表 .xlsx"文件。

2 选中单元格 A1:F14。

3 单击【居中】按钮。

4 【居中】后的效果。

4.3.3 设置自动换行

Excel 表格的单元格是系统默认，那文字太长怎么办？想让文字集中在一个单元格里怎么办？那就自动换行吧！这一节就来教你。

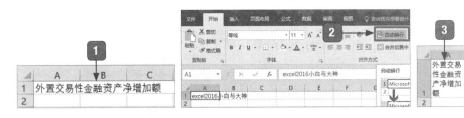

1 打开一个空白工作表，输入表格内的文本。

2 单击【自动换行】按钮。

3 自动换行后的效果。

4.3.4 单元格合并和居中

单元格合并指的是将同一列或者同一行的多个单元格合并成一个单元格，居中就是将文本放置单元格的中间。所以为了更加直观，在很多表格里经常会用到单元格合并和居中。

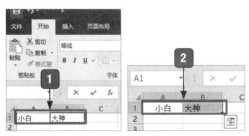 

 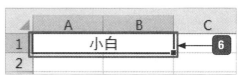

1️⃣ 新建一个空白工作表，分别在【A1】和【B1】中输入文本。

2️⃣ 选中单元格【A1】与【B1】。

3️⃣ 选择【开始】选项卡。

4️⃣ 单击【合并后居中】按钮。

5️⃣ 单击【确定】按钮。

6️⃣ 合并后居中的效果。

4.3.5 设置数字格式

Excel 2016 的单元格默认是没有格式的，当你想输入时间与日期时就需要对单元格设置数字格式。

1. 最常用的方法——通过鼠标设置数字格式

1️⃣ 选中单元格并右击。

2️⃣ 在弹出的快捷菜单中选择【设置单元格格式】选项。

3️⃣ 在【设置单元格格式】对话框中选择所需数字格式。

4️⃣ 单击【确定】按钮。

83

2. 最便捷的方法——通过功能区设置数字格式

[1] 选择【开始】选项卡。

[2] 在【数字】组中单击【常规】右侧的下拉按钮。

[3] 在弹出的下拉列表中选择需要设置的数字格式。

提示：

常用的数字格式设置有以下快捷键：

【Ctrl+Shift+~】：常规格式；

【Ctrl+Shift+$】：货币格式；

【Ctrl+Shift+%】：百分比格式；

【Ctrl+Shift+#】：日期格式；

【Ctrl+Shift+@】：时间格式；

【Ctrl+Shift+！】：千位分隔符格式。

4.3.6 设置单元格边框

Excel 的单元格系统默认是浅灰色的，设置单元格边框能够使边框更加清晰。

1. 最常用的方法——使用功能区设置边

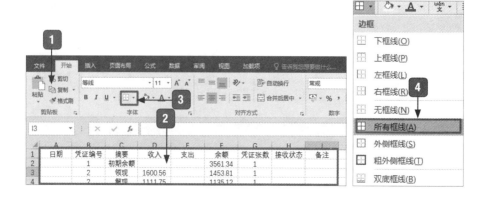

	A	B	C	D	E	F	G	H	I
1	日期	凭证编号	摘要	收入	支出	余额	凭证张数	接收状态	备注
2		1	初期余额			3561.34	1		
3		2	领现	1600.56		1453.81	1		
4		2	解现	1111.75		1135.12	1		
5									

1 打开"素材 /ch04/ 现金收支明细表 .xlsx"文件。

2 选中单元格 A1:I4。

3 单击字体组中的【边框】按钮。

4 在弹出的下拉列表中选择【所有框线】选项。

5 设置所有框线后的效果。

2. 最便捷的方法——通过对话框设置边框

1 打开"素材 /ch04/ 现金收支明细表 .xlsx"文件。

2 选中单元格 A1:I4。

3 单击该按钮

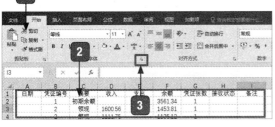

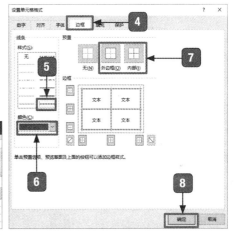

	A	B	C	D	E	F	G	H	I	J
1	日期	凭证编号	摘要	收入	支出	余额	凭证张数	接收状态	备注	
2		1	初期余额			3561.34	1			
3		2	领现	1600.56		1453.81	1			
4		2	解现	1111.75		1135.12	1			
5										

4 在弹出的【设置单元格格式】对话框中选择【边框】选项卡。

5 选择所需样式。

6 颜色设置为【蓝色】。

7 选择【外边框】和【内部】选项。

8 单击【确定】按钮。

9 设置边框后的效果。

4.3.7 设置单元格底纹

在制作表的过程中，我们都希望表头的颜色会不一样，所以就有了设置单元格底纹。那有的人就会好奇，与填充颜色有啥区别呢？底纹颜色是你模板的颜色，单元格填充只与单元格有关。

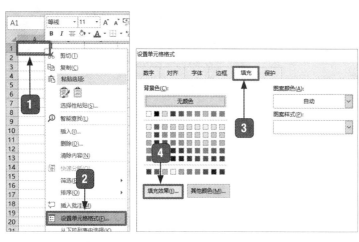
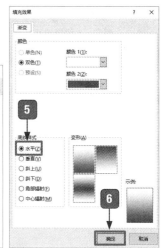

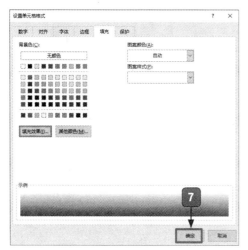

1 打开一个空白工作簿,选中单元格并右击。

2 在弹出的快捷菜单中选择【设置单元格格式】选项。

3 在弹出的【设置单元格格式】对话框中选择【填充】选项卡。

4 单击【填充效果】按钮。

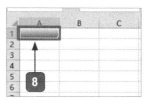

5 在弹出的【填充效果】对话框中选中【水平】单选按钮。

6 单击【确定】按钮。

7 单击【确定】按钮。

8 设置完底纹后的效果。

4.4 工作表操作

所谓工作簿,是指 Excel 环境中用来存储,并能够处理工作数据的文件。也就是说我们在桌面上新建的 Excel 文件就是工作簿,它是 Excel 工作区中一个或多个工作表的集合。每一个工作簿可以拥有许多不同的工作表,所以说工作表是包含在工作簿中的。

"工作表"在 Excel 中可是"老大",工作所需的表格都需要在它的基础上建立,下面我们就来讲一讲如何建立并操作工作表。

4.4.1 切换工作表

前面我们学会了如何新建多个工作表,那么工作时有时需要在多个工作表之间进行切换,我们都知道,直接单击工作表标签就能切换到我们想看的工作表,但工作讲究的是效率,没错,你猜对了,我还要告诉你一些不为人熟知的小技巧。

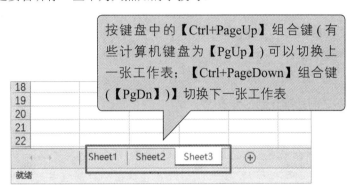

按键盘中的【Ctrl+PageUp】组合键(有些计算机键盘为【PgUp】)可以切换上一张工作表;【Ctrl+PageDown】组合键(【PgDn】)】切换下一张工作表

当然,如果我们新建的表格数目过多,那使用快捷键也未必会给我们带来方便,别急,我们还有别的办法。

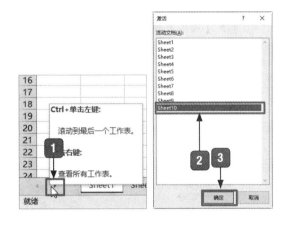

1️⃣ 右击滚动条滑块。

2️⃣ 弹出【激活】对话框,选择你想切换的工作表。

3️⃣ 单击【确定】按钮。

4.4.2 移动或复制工作表

1. 在当前工作表中移动或复制

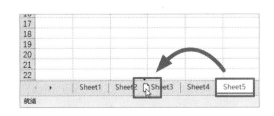

方法 1

1️⃣ 最快捷的方法:在 Sheet5 工作表名称处按住鼠标左键不动,拖动到你想移动到的位置,黑色倒三角形即为工作表移动到的位置。

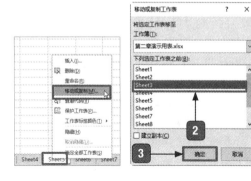

方法2

1 右击你想移动的工作表，在弹出的快捷菜单中选择【移动或复制】选项。

2 选择你想移动到的位置（注意只能移动到下列选定工作表之前哦）。

3 单击【确定】按钮。

2. 在不同的工作簿之间移动复制工作表

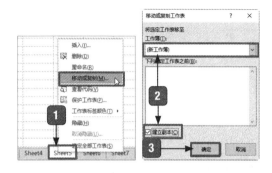

1 右击你想移动或复制的工作表，在弹出的快捷菜单中选择【移动或复制】选项。

2 在弹出的对话框中选择你想要移动到的其他工作簿（此处我们选择新工作簿）；如果想要复制工作簿，还需选中【建立副本】复选框。

3 单击【确定】按钮。

4.4.3 重命名与删除工作表

1. 重命名工作表

1 右击需要重命名的工作表，在弹出的快捷菜单中选择【重命名】选项，当工作表标签出现光标时再输入要修改的名称，按【Enter】键就可以了。

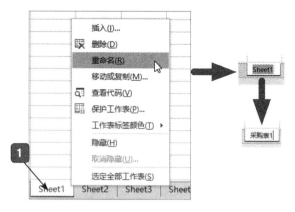

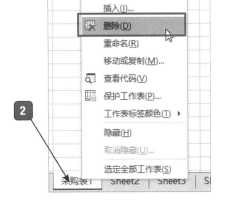

2. 删除工作表

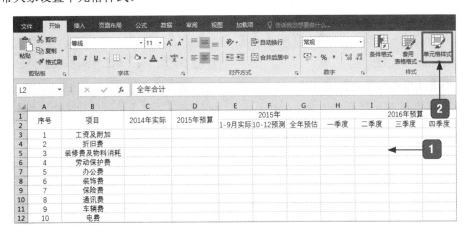

2 如果你不想要这个工作表了，那么右击你要删除的工作表，在弹出的快捷菜单中选择【删除】选项即可。

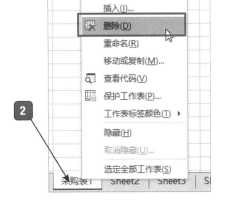

4.5 快速美化工作表——使用样式

Excel 表格默认的样式太过简陋，但是强大的 Excel 提供了多种美化样式的方法，只要你会设置单元格样式，会套用表格样式，就可以进行 Excel 表格美化了。

4.5.1 设置单元格样式

单元格的样式有很多种，如单元格文本样式、单元格背景样式、单元格标题样式等，本节就带大家设置单元格样式。

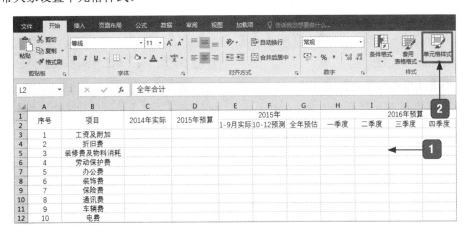

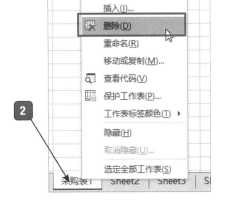

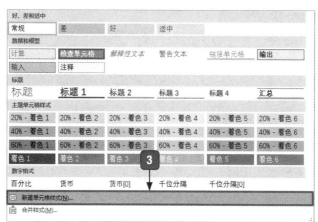

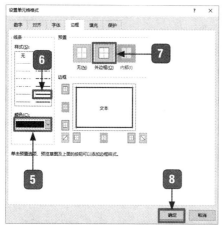

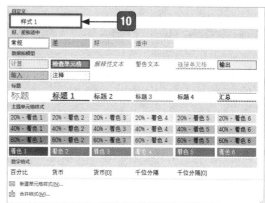

1️⃣ 打开"素材 /ch04/ 市场工作周计划报表 .xlsx"文件。

2️⃣ 单击【单元格样式】按钮。

3️⃣ 在弹出的下拉列表中选择【新建单元格样式】选项。

4️⃣ 编辑好样式名称，单击【格式】按钮。

5️⃣ 选择【颜色】为【蓝色，个性色5，

深色 50%】。

6️⃣ 在【线条】区域【样式】列表框中选择【加粗实线】样式。

7️⃣ 在【预置】区域选择【外边框】选项。

8️⃣ 单击【确定】按钮。

9️⃣ 单击【确定】按钮。

🔟 单击【单元格样式】下的【样式1】。

序号	项目	2014年实际	2015年预算	2015年			2016年预算					6/15年差异	
				1-9月实际	10-12预测	全年预估	一季度	二季度	三季度	四季度	全年合计	数量	%
1	工资及附加												
2	折旧费												
3	低修费及物料消耗												
4	劳动保护费												
5	办公费												
6	装饰费												
7	保险费												
8	通讯费												
9	车辆费												
10	电费												

1️⃣1️⃣ 设置单元格样式后的效果。

4.5.2 套用表格格式

一个人得有衣服的装饰才会变得更加美丽动人，Excel 的套用表格格式就好比穿衣服，能够一键使表格设计的赏心悦目。让我们一起走进表格的"更衣间"。

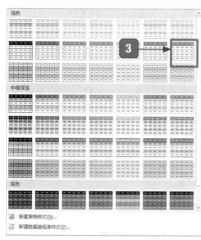

1. 打开"素材 /ch04/ 库存统计表 .xlsx"文件。

2. 单击【套用表格格式】按钮。

3. 在弹出的下拉列表中选择【绿色，表样式浅色 14】选项。

4. 单击【确定】按钮。

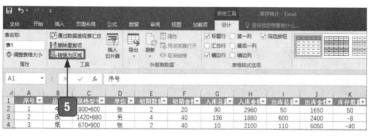

提示:

Excel 2016 提供有 60 种表格，大大提高了用户工作的效率，使表格更美观。

A	B	C	D	E	F	G	H	I	J	K	L	M
序号	品名	规格型号	单位	初期数量	初期金额	入库总量	入库金额	出库总量	出库金额	库存数量	库存金额	
1	牛	800*600	张	2	20	90	2960	50	1650	50	1134	
2	皮	1420*880	另	4	40	136	1880	600	2400	-8	370	
3	纸	670*900	张	2	40	10	2100	110	6050	-40	680	
4	牛	1800*1200	张	15	50	20	3200	45	2904	-11	330	

5. 单击【转换为区域】按钮。

6. 单击【是】按钮。

7. 套用表格格式后的效果。

4.6 综合实战——美化员工资料归档管理表

大神：学习了这么多，目的就是综合实战制作出"高大上"的表格啊！

小白：对！

大神：那我们一起来制作一个员工资料归档管理表吧！

小白：你就等着我给你露一手吧！

1 打开"素材/ch04/江苏家具有限公司.xlsx"文件。

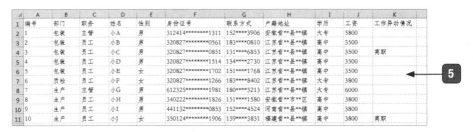

2 选中单元格 A1:K11。

3 设置字体为【华文仿宋】。

4 设置字号为【12】。

5 设置字体与字号后的效果。

6 选择【蓝色，表样式浅色 13】选项。

7 单击【确定】按钮。

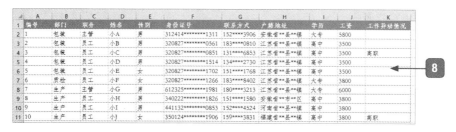

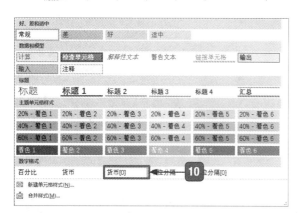

8 套用表格格式后的效果。

9 选择 A2：A11。

10 选择【货币 [0]】选项。

11 美化完表格的效果。

![痛点解析]

Excel 表格的表头通常会出现分项目的情况，根据需要还可能分好几个呢，但是有了这本书就不再惧怕了，接下来带你们从简单的表头玩到复杂的表头。

痛点 1：绘制单斜线表头

1. 新建一个空白工作簿，在【B1】与【A2】中输入文本。

2. 选中【A1】单元格，按【Ctrl+1】组合键。

3. 在【设置单元格格式】对话框中选择【边框】选项卡。

4. 选择需要的样式。

5. 单击【选择斜线】按钮。

6. 单击【确定】按钮。

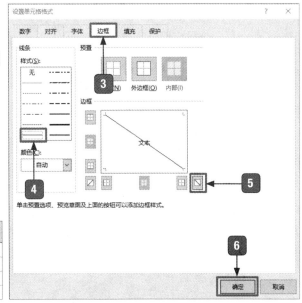

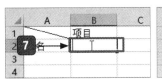
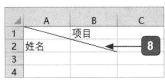

7. 选中【B2】单元格，按【F4】键。

8. 绘制单斜线表头后的效果。

痛点 2：绘制多斜线表头

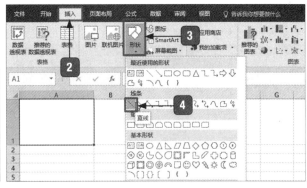

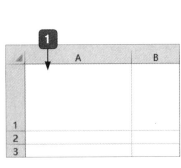

1. 新建一个空白工作簿，选中【A1】进行单元格的调整。

2. 选择【插入】选项卡。

3. 单击【形状】按钮。

4. 在弹出的下拉列表中选择【直线】进行单元格绘制。

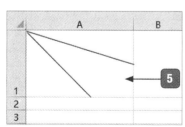

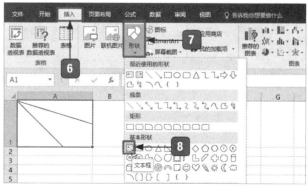

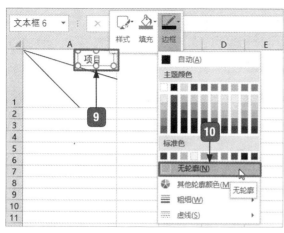

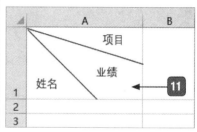

5 单元格绘制多斜线后的效果。

6 选择【插入】选项卡。

7 单击【形状】按钮。

8 在弹出的下拉列表中选择【文本框】选项。

9 在单元格中绘制文本框，并且输入文本内容。

10 右击，在弹出的快捷菜单中选择【无轮廓】选项。

11 绘制多斜线表头后的效果。

大神支招

问：能否自定义表格样式？

经常使用 Excel 制作同一类表格，而这些表格的样式是固定的，就可以自定义表格样式，制作同类表格时，直接套用自定义的样式即可。

95

1 选择【开始】选项卡。

2 单击【样式】组中的【套用表格格式】按钮。

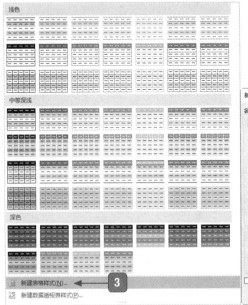

3 选择【新建表格样式】菜单命令。

4 在【名称】文本框中输入表样式名称"自定义表格样式"。

5 在【表元素】列表框中选择【整个表】选项。

6 单击【格式】按钮。

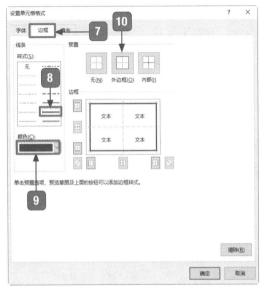

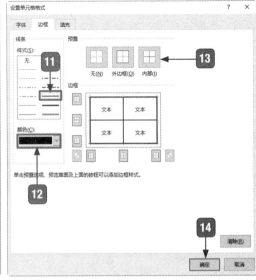

96

7　选择【边框】选项卡。

8　在【线条】区域【样式】列表框中选择一种线条样式。

9　在【颜色】下拉列表中选择一种颜色，这里选择"紫色"。

10　在【预置】区域单击【外边框】按钮。

11　在【线条】区域【样式】列表框中再次选择一种线条样式。

12　在【颜色】下拉列表中选择一种颜色，这里选择"黑色"。

13　在【预置】区域单击【内部】按钮。

14　单击【确定】按钮。

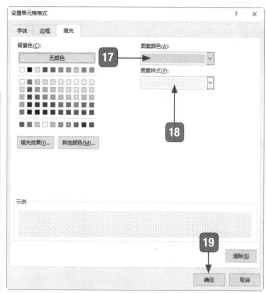

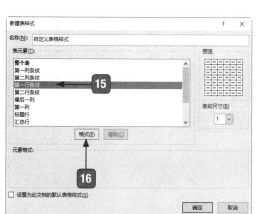

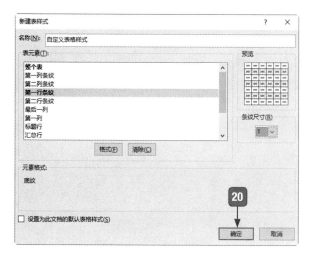

15　返回【新建表样式】对话框，在【表元素】列表框中选择【第一行条纹】选项。

16　单击【格式】按钮。

17　选择【填充】选项卡，在【图案颜色】下拉列表中选择一种颜色。

18　在【图案样式】下拉列表中选择一种图案样式。

19　单击【确定】按钮。

20　单击【确定】按钮。

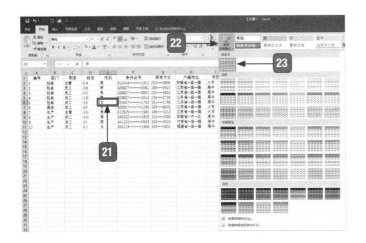

21 将鼠标光标定位至要应用自定义样式的表格中。

22 单击【开始】选项卡下【样式】组中的【套用表格格式】按钮。

23 在【自定义】组中选择【自定义表格样式】样式。

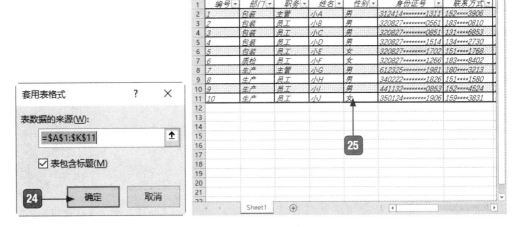

24 单击【确定】按钮。

25 即可看到将自定义表格样式应用至所选表格后的效果。

第 5 章

>>> 在 Excel 表格中，你会快速的分析处理数据吗？

>>> 如果给你一张数据很多的销售统计表，你如何
快速找出销售额最高的前几种商品？

>>> 分类汇总有什么作用？

这一章就来告诉你如何快速高效地处理分析
数据？

数据管理与分析

5.1 数据的排序

小白：我这有一份长长的销售额数据表，如何找出销售额最高的商品？

大神：这个其实很简单，只要用到排序就行了，你仔细看看接下来的内容就能学会。

小白：嗯嗯。

5.1.1 一键快速排序

一键快速排列是我们经常使用的简单排序，它具有操作简单快速的特点，以下将以"超市日销售报表"为例演示一键快速排序的过程。打开"素材\ch05\超市日销售报表 1.xlsx"文件。具体操作步骤如下。

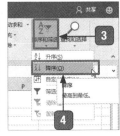

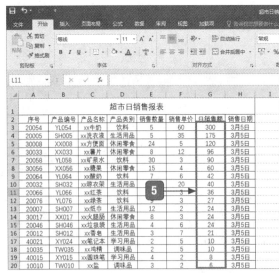

1 选中所需排序列的任意单元格。

2 选择【开始】选项卡。

3 单击【排序和筛选】按钮。

4 在弹出的下拉列表中选择【降序】（或【升序】）选项。

5 降序（或升序）排列的效果。

5.1.2 自定义排序

Excel 2016 也具有自定义排序功能，可以按照客户所需设置自定义排序序列。例如，将超市日销售报表按照产品类别排序。

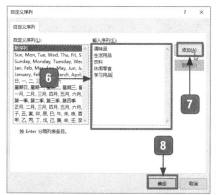

1 选中表格任一单元格后，单击【开始】选项卡下【排序和筛选】按钮。

2 在弹出的下拉列表中选择【自定义排序】选项。

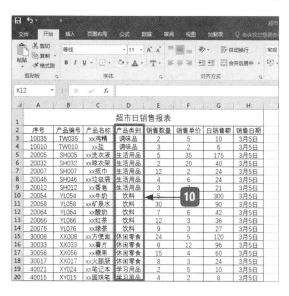

3 在【排序】对话框中【主要关键字】设置为选择【产品类别】。

4 在【次序】下拉列表框中选择【自定义序列】选项。

5 单击【确定】按钮。

6 单击【输入序列】下的空白栏，输入用户所需的排序序列，每项条目间用【Enter】键隔开。

7 单击【添加】按钮。

8 单击【确定】按钮。

9 单击【确定】按钮。

10 排序后的效果。

5.2 数据的筛选

　　如果我们手中有一份几万条数据的表格，而我们只需要其中几条数据，又该如何快速找到所需要的信息呢？我们在处理数据时，会经常用到数据筛选功能来查看一些特定的数据。本节我们将讲述几种常用的筛选功能：快速筛选、高级筛选和自定义筛选。

5.2.1 一键添加或取消筛选

1. 一键添加筛选

当我们只需要简单的筛选时，则用到一键添加筛选，打开"素材\ch05\超市日销售报表1.xlsx"文件。具体操作步骤如下。

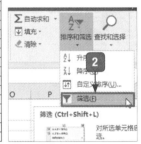

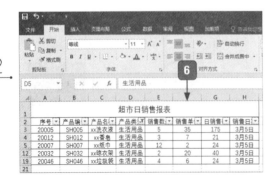

1 选中表格内的任一单元格。

2 选择【开始】选项卡下【排序和筛选】组中的【筛选】选项。

3 单击【产品类别】右侧的下拉按钮。

4 在弹出的下拉列表中选中【生活用品】复选框（此处可多选）。

5 单击【确定】按钮。

6 筛选结果。

2. 取消筛选

当筛选数据后，需要取消筛选时，则有以下两种常用方法。

方法 1

选择【开始】选项卡下【排序和筛选】组中的【清除】选项即可

方法 2

① 单击【产品类别】右侧的下拉按钮。

② 在弹出的下拉列表中选择【从"产品类别"中清除筛选】选项。

③ 单击【确定】按钮。

5.2.2 数据的高级筛选

在一些特殊的情况下我们需要高级筛选功能，如在"超市日销售报表"中将产品类型为饮料的数据筛选出来，打开"素材 \ch05\ 超市日销售报表 1.xlsx"文件。

① 在表格外的【K2】【K3】单元格分别输入【产品类别】和【饮料】。

② 选中表格内任一单元格。

③ 单击【数据】选项卡下的【高级】按钮。

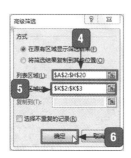
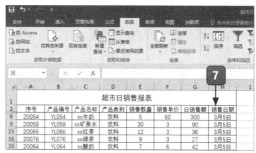

④ 选中表格内"$A$2:$H$20"区域。　　⑥ 单击【确定】按钮。

⑤ 选中表格内"$K$2:$K$3"区域。　　⑦ 筛选结果。

5.2.3 自定义筛选

自定义筛选是用户自定义的筛选条件，也经常会用到，常用的有以下 3 种方式。

1. 模糊筛选

打开"素材 \ch05\ 超市日销售报表 1.xlsx"文件。将"超市日销售报表"中产品编号为"SH007"的记录筛选出来。

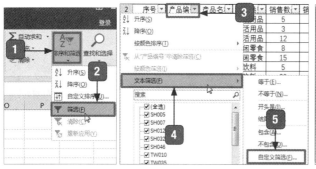
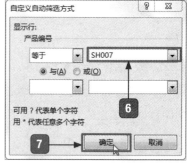

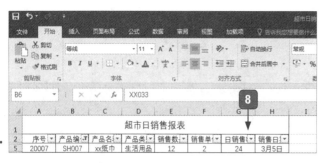

① 打开表格，单击【开始】选项卡下的【排序和筛选】按钮。

② 在弹出的下拉列表中选择【筛选】选项。

③ 单击【产品编号】右侧的下拉按钮。

④ 在弹出的下拉列表中选择【文本筛选】选项。

⑤ 在级联列表中选择【自定义筛选】选项。

⑥ 在【自定义自动筛选方式】对话框中

输入"SH007"。

⑦ 单击【确定】按钮。

⑧ 筛选结果。

2. 范围筛选

打开"素材\ch05\超市日销售报表1.xlsx"文件。将日销售额大于等于100的商品筛选出来。

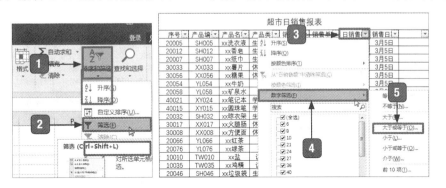

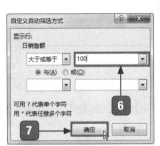 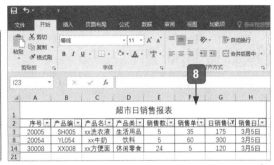

1️⃣ 打开表格，单击【开始】选项卡下【排序和筛选】按钮。

2️⃣ 在弹出的下拉列表中选择【筛选】选项。

3️⃣ 单击【日销售额】右侧的下拉按钮。

4️⃣ 在弹出的下拉列表中选择【数字筛选】选项。

5️⃣ 在级联列表中选择【大于或等于】选项。

6️⃣ 在【自定义自动筛选方式】对话框中输入"100"。

7️⃣ 单击【确定】按钮。

8️⃣ 筛选结果。

3. 通配符筛选

打开"素材\ch05\超市日销售报表1.xlsx"文件。将表格中茶类饮料筛选出来。

1 打开表格，单击【开始】选项卡下【排序和筛选】按钮。

2 在弹出的下拉列表中选择【筛选】选项。

提示：

输入对话框的筛选条件文字要和表格中的文字保持一致。

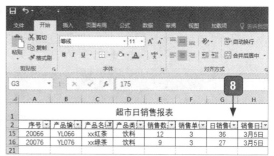

3 单击【产品名称】右侧的下拉按钮。

4 在弹出的下拉列表中选择【文本筛选】选项。

5 在级联列表中选择【自定义筛选】选项。

6 在【自定义自动筛选方式】对话框中输入"＊茶"。

7 单击【确定】按钮。

8 则名称中带有"茶"的产品被筛选出来。

5.3 数据验证的应用

小白：数据验证是什么？

大神：符合条件的数据允许输入，不符合条件的数据则不能输入，这就是数据验证。

小白：设置它有什么作用呢？

大神：设置数据验证可以很大限度防止输入数据时不小心输入错误。

小白：懂了，这样可以节省很多检查错误的时间了。

1. 设置产品序号长度验证

产品序号的长度一般都是由固定位的数字组成的，设置长度验证后，当输入的产品序号位不正确时，就可以弹出提示窗口提醒。打开"素材 \ch05\ 超市日销售报表 1.xlsx"文件。

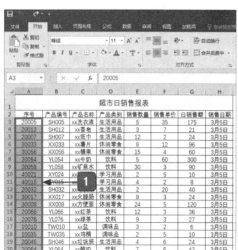

1 选中【序号】列数据。

2 选择【数据】选项卡。

3 单击【数据验证】按钮。

4 在弹出的下拉列表中选择【数据验证】选项。

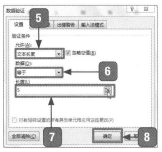

⑤ 单击【允许】下拉按钮，在弹出的下拉列表框中选择【文本长度】选项。

⑥ 在【数据】下拉列表框中选择【等于】选项。

⑦ 在【长度】文本框中输入数字"5"。

⑧ 单击【确定】按钮。

⑨ 当输入产品序号位数不为5时，将弹出此窗口。

2. 设置输入信息时的提示

在设置好序号位数验证后，我们还可以设置在输入序号时的提示信息，具体操作步骤如下。

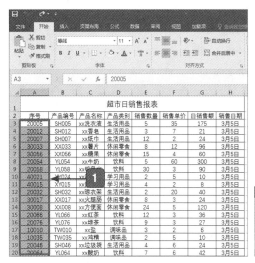

① 选中【序号】列数据。

② 选择【数据】选项卡。

③ 单击【数据验证】按钮。

④ 在弹出的下拉列表中选择【数据验证】选项。

⑤ 在【数据验证】对话框中选择【输入信息】选项卡。

⑥ 在【标题】文本框中输入"请输入序号"。

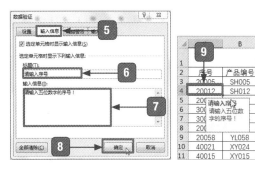

⑦ 在【输入信息】文本框中输入"请输入五位数字的序号"。

⑧ 单击【确定】按钮。

⑨ 当选择【序号】列单元格时，则出现提示信息。

5.4 合并计算的应用

合并计算可以将多个表格中的数据合并在同一个表格中，便于查看，对比和汇总，在"超市日销售报表"中，可以将3月5日的销售报表和3月6日的销售报表汇总在一个表格中，具体操作步骤如下。

超市日销售报表							
序号	产品编号	产品名称	产品类别	销售数量	销售单价	日销售额	销售日期
20005	SH005	xx洗衣液	生活用品	5	35	175	3月5日
20012	SH012	xx香皂	生活用品	3	7	21	3月5日
20007	SH007	xx纸巾	生活用品	12	2	24	3月5日
30033	XX033	xx薯片	休闲零食	8	12	96	3月5日
30056	XX056	xx糖果	休闲零食	15	4	60	3月5日
20054	YL054	xx牛奶	饮料	5	60	300	3月5日
20058	YL058	xx矿泉水	饮料	30	3	90	3月5日
40021	XY024	xx笔记本	学习用品	2	5	10	3月5日
40015	XY015	xx圆珠笔	学习用品	4	2	8	3月5日
20032	SH032	xx晾衣架	生活用品	2	20	40	3月5日
30017	XX017	xx火腿肠	休闲零食	8	3	24	3月5日
30008	XX008	xx方便面	休闲零食	24	5	120	3月5日
20066	YL066	xx红茶	饮料	12	3	36	3月5日
20076	YL076	xx绿茶	饮料	9	3	27	3月5日
10010	TW010	xx盐	调味品	3	2	6	3月5日
10035	TW035	xx鸡精	调味品	2	5	10	3月5日
20046		xx垃圾袋	生活用品	4	6	24	3月5日
20064		xx酸奶	饮料	7	6	42	3月5日

Sheet1 Sheet2 ＋

超市日销售报表							
序号	产品编号	产品名称	产品类别	销售数量	销售单价	日销售额	销售日期
20005	SH005	xx洗衣液	生活用品	2	35	70	3月6日
20012	SH012	xx香皂	生活用品	2	7	14	3月6日
20007	SH007	xx纸巾	生活用品	5	2	10	3月6日
30033	XX033	xx薯片	休闲零食	8	12	96	3月6日
30056	XX056	xx糖果	休闲零食	10	4	40	3月6日
20054	YL054	xx牛奶	饮料	5	60	300	3月6日
20058	YL058	xx矿泉水	饮料	30	3	90	3月6日
40021	XY024	xx笔记本	学习用品	10	5	50	3月6日
40015	XY015	xx圆珠笔	学习用品	4	2	8	3月6日
20032	SH032	xx晾衣架	生活用品	3	20	60	3月6日
30017	XX017	xx火腿肠	休闲零食	15	3	45	3月6日
30008	XX008	xx方便面	休闲零食	24	5	120	3月6日
20066	YL066	xx红茶	饮料	12	3	36	3月6日
20076	YL076	xx绿茶	饮料	11	3	33	3月6日
10010	TW010	xx盐	调味品	3	2	6	3月6日
10035	TW035	xx鸡精	调味品	2	5	10	3月6日
20046	SH046	xx垃圾袋	生活用品	8	6	48	3月6日
20064	YL064	xx酸奶	饮料	5	6	30	3月6日

Sheet1 Sheet2 ＋

1 在【Sheet1】工作表中打开"素材\ch05\超市日销售报表 1.xlsx"文件。

2 在【Sheet2】工作表中打开"素材\ch05\超市日销售报表 2.xlsx"文件。

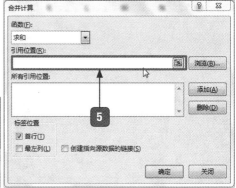

3 选中【Sheet1】工作表 I2 单元格，然后选择【数据】选项卡。

4 单击【合并计算】按钮。

5 在【合并计算】对话框中单击【引用位置】文本框后的【折叠】按钮。

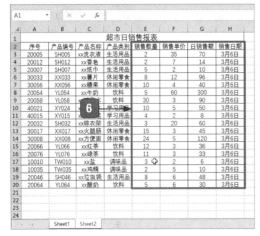

6

7

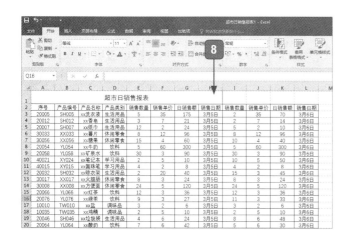

6. 进入【Sheet2】表格选中如图区域，打开【合并位置—引用位置】对话框，进入【Sheet2】表格选中如图区域，单击【展开】按钮。

7. 返回至【合并计算】对话框，单击【确定】按钮。

8. 合并结果。

5.5 让数据更有层次感的分类汇总

小白： 那分类汇总又有什么用呢？

大神： 在处理数据时，更是少不了将各类数据分类汇总，分类汇总可以使数据看起来更清晰直观，有利于数据的整理和分析。

小白： 顾名思义，就是把相同分类的数据分别汇总在一起吗？

大神： 厉害了，就是这个意思。

5.5.1 一键分类汇总

一键分类汇总是一种快速分类汇总方式，将"超市日销售报表"中的数据按照产品类型进行快速分类汇总，打开"素材\ch05\超市日销售报表 1.xlsx"文件。具体操作步骤如下。

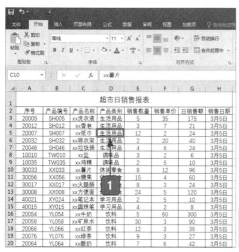

1. 对【产品类别】进行排序后，选中【产品类别】下任一单元格。

2. 选择【数据】选项卡。

3. 单击【分类汇总】按钮。

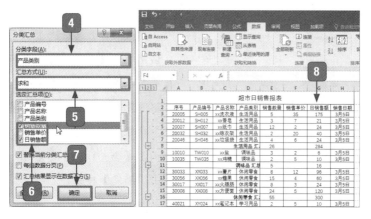

④ 弹出【分类汇总】对话框，在【分类字段】下拉列表框中选择【产品类别】选项。

⑤ 在【汇总方式】下拉列表框中选择【求和】选项。

⑥ 在【选定汇总项】下拉列表框中选中【销售数量】和【日销售额】复选框。

⑦ 单击【确定】按钮。

⑧ 分类汇总结果整理后的效果。

5.5.2 显示或隐藏分级显示中的明细数据

显示或隐藏分级显示中的明细数据可以只看自己想看到的分类汇总数据，将分类汇总好的表格中产品类别为休闲零食的汇总数据隐藏和显示的具体操作步骤如下。

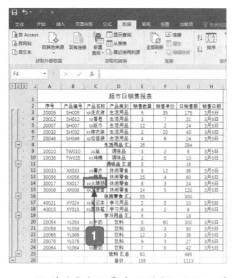

① 单击【休闲零食汇总】组内任一单元格。

② 选择【数据】选项卡。

③ 单击【分级显示】组中的【隐藏明细数据】图标。

④ 隐藏成功。

如果需要显示隐藏的数据，则选中上图表格内【休闲零食汇总】单元格后，进行以下操作。

1 选择【数据】选项卡。

2 单击【分级显示】组中的【显示明细数据】图标即可。

5.5.3 删除分类汇总

当我们不需要分类汇总时，具体操作步骤如下。

1 单击分类汇总后表格内任一单元格，选择【数据】选项卡。

2 单击【分类汇总】按钮。

3 在弹出的【分类汇总】对话框中单击【全部删除】按钮。

4 表格结果。

5.6 综合实战——销售报表的数据分析

大神：既然本章已经看到了这里，那么相信你已经掌握了初级的数据管理和分析了吧。

小白：嗯嗯，有点跃跃欲试呢。

大神：那好，接下来我们将以"文具店销售报表"为例，进行综合实战，对销售报表进行汇总和分析。用我们之前讲过的方法，让我来看看你做得怎么样吧。

以下为"文具店销售报表"的数据分析过程，具体操作步骤如下。

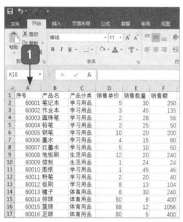

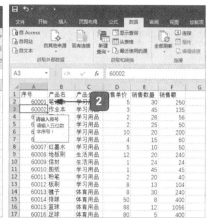

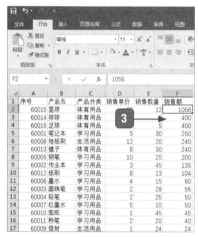

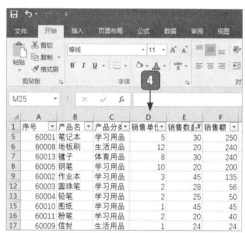

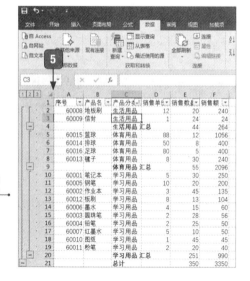

1. 打开"素材\ch05\文具店销售报表.xlsx"文件。

2. 设置数据验证，对【序号】设置提示的数据验证，便于数据的输入和整理。

3. 将数据按照【销售额】降序排列，以观察对比各种产品的销售情况。

4. 筛选数据，将表格中【销售数量】大于等于20的产品筛选出来。

5. 对数据按照【产品分类】分类汇总，对此销售报表的简单数据分析完成。

至此，对这个表格的分析处理就完成了。

痛点解析

在使用 Excel 处理表格数据时经常会遇到一些有点难办的问题，那么在这里就偷偷告诉你一些实用的小技巧帮你解决这些问题，快来看看吧！

痛点 1：让表中的序号不参与排序

有时候在对数据进行排序时，不需要序号也进行排序，打开"素材 \ch05\ 成绩表 .xlsx"文件。这种情况下具体操作步骤如下。

1 选中需要排序的区域。

2 选择【数据】选项卡。

3 单击【排序】按钮。

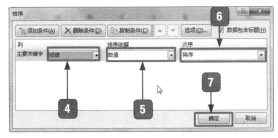

4 在【排序】对话框中【主要关键字】
选择【成绩】选项。

5 在【排序依据】下拉列表框中选择【数
值】选项。

6 在【次序】下拉列表框中选择【降序】
选项。

7 单击【确定】按钮。

8 排序结果。

痛点 2：删除表格中空白行

有时候表格中会有一些空白行存在，这个时候就可以通过筛选将空白行筛选出来，然后删除。打开"素材 \ch05\ 空白行 .xlsx"文件。这种情况下具体操作步骤如下。

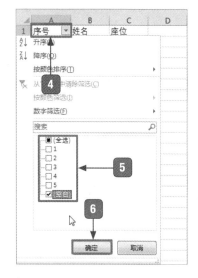

1 打开表格，选中 A1 ～ A9 区域。

2 选择【数据】选项卡。

3 单击【筛选】按钮。

4 单击【序号】下拉按钮。

5 取消选中【全选】复选框，选中【空白】复选框。

6 单击【确定】按钮。

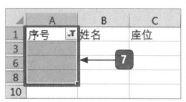

7 右击筛选后结果。

8 在弹出的快捷菜单中选择【删除行】选项。

9 单击【确定】按钮。

▲	A	B	C
1	1	张	C2
2	2	王	C4
3	3	李	C5
4	4	赵	C7
5	5	孙	C9

  ⟵ **10**

10 删除空白行成功。

大神支招

问：在根据成绩排序时，如果成绩相同，如何才能排出正确的名次？

根据成绩排名时，如果每一个排名只能对应一个人，但经常会出现总分相同的情况，而成绩表中除了总成绩外，还会包含其他成绩，如综合测评分或者是单项的成绩，此时，可以借助其他数据辅助排序。

▲	A	B	C	D	E
1	序号	姓名	总分	综合测评分	
2	1	王封	450	85	
3	2	徐婷	500	87	
4	3	夏明	460	85	
5	4	安然	440	88	
6	5	张丽	500	90	
7	6	梁静	460	90	
8	7	马玲	512	98	
9	8	张军	500	95	
10	9	李阳	500	96	
11	10	胡鹏	450	70	
12					

1 将鼠标光标定位至数据区域的任意位置。

2 选择【数据】选项卡。

3 单击【排序和筛选】组中的【排序】按钮。

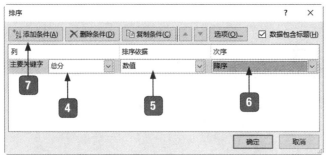

4 设置【主要关键字】为"总分"。

5 设置【排序依据】为"数值"。

6 设置【次序】为"降序"。

7 单击【添加条件】按钮。

8 设置【次要关键字】为"综合测评分"。

9 设置【排序依据】为"数值"。

10 设置【次序】为"降序"。

11 单击【确定】按钮。

	A	B	C	D	E
1	序号	姓名	总分	综合测评分	
2	7	马玲	512	98	
3	9	李阳	500	96	
4	8	张军	500	95	
5	5	张丽	500	90	
6	2	徐婷	500	87	
7	3	夏明	460	95	
8	6	梁静	460	90	
9	1	王封	450	85	
10	10	胡鹏	450	70	
11	4	安然	440	83	
12					

12 即可看到排序后的效果，如果总分相同，将会按照综合测评分进行排序，从而确定出最终名次。

06

Chapter

第6章 制作图表

>>> 你真会制作图表吗？

>>> 你的图表漂亮吗？

>>> 你的图表能准确地说明问题吗？

>>> 你的图表真的会说话吗？

本章就让图表来替你说话！

6.1 常见图表的创建

小白：图表的各种类型我了解了，那接下来图表应该怎么创建呢？

大神：别急，看我们接下来的内容你就知道如何创建图表了。

小白：那创建图表都有什么方法呢？

大神：在这里我们会介绍 3 种方法创建图表，每节一种，你要仔细看哦。

6.1.1 创建显示差异的图表

首先是最方便的是使用快捷键创建图表，打开"素材 \ch06\ 商场销售统计分析表 .xlsx"文件，以条形图为例，使用快捷键创建显示各种产品销售差异的柱状图。具体操作步骤如下。

1 打开表格，选中任一数据单元格。

2 选择【插入】选项卡，按【F11】快捷键。

3 柱状图创建成功。

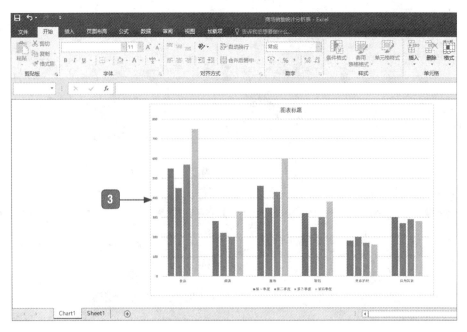

6.1.2 创建显示趋势的图表

打开"素材 \ch06\ 商场销售统计分析表 .xlsx"文件。这里我们将使用功能区创建一个折线图来显示产品销售额随季度的变化趋势。具体操作步骤如下。

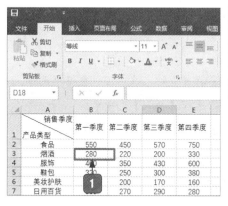

1 打开表格，选中任一数据单元格。

2 选择【插入】选项卡。

3 单击【折线图】图标。

4 在弹出的下拉列表中选择一种折线图。

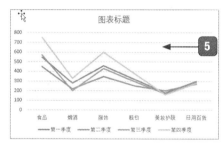
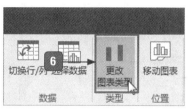

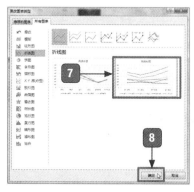
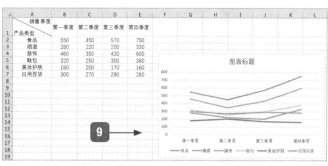

5 则出现如图所示折线图，但应将横坐标改为季度。

6 单击【更改图表类型】按钮。

7 选中该图表。

8 单击【确定】按钮。

9 图表完成。

可以显示变化趋势的图表有多种，在这里以最常用的折线图为例讲述创建过程，若需要其他图表，则过程相同。

6.1.3 创建显示关系的图表

现在我们使用第三种常用的方式——利用图表向导创建 XY 散点图，它可以显示不同点间的数值变化关系。打开"素材 \ch06\ 商场销售统计分析表 .xlsx"文件，具体操作步骤如下。

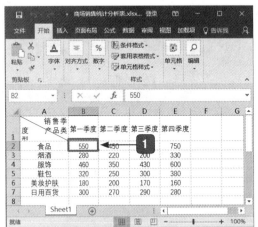

1 打开表格，选中任一数据单元格。

2 选择【插入】选项卡。

3 单击【查看所有图表】按钮。

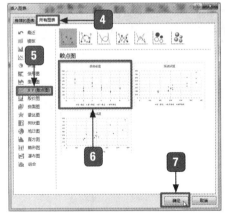

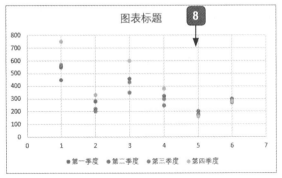

4 在【插入图表】对话框中选择【所有图表】选项卡。

5 单击【XY（散点图）】选项。

6 选中该表格类型。

7 单击【确定】按钮。

8 散点图创建成功。

6.2 编辑图表

小白：创建图表后，想要进一步编辑应该怎么做呢？

大神：不用怕，这个也是非常简单的，接下来你就按照我说的去做，肯定能制作出漂亮又实用的表格！

6.2.1 图表的移动与缩放

　　创建图表后如果觉得大小和位置不合适的话，就可以对大小和位置进行调整，以达到自己想要的结果。打开"素材 \ch06\ 商场销售统计分析表（柱状图）.xlsx"文件，具体操作步骤如下。

1. 移动图表

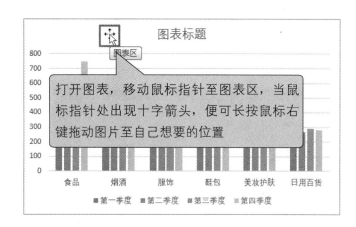

2. 缩放图表

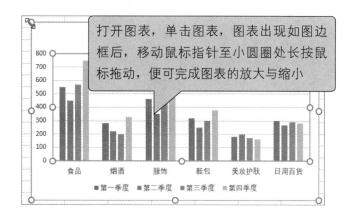

6.2.2 更改图表类型

　　有时候创建好图表后，会发现图表并不能满足自己的要求，这时候我们就需要更改图表的类型。打开"素材 \ch06\ 商场销售统计分析表（柱状图）.xlsx"文件，以此为例将柱状图改为折线图，具体操作步骤如下。

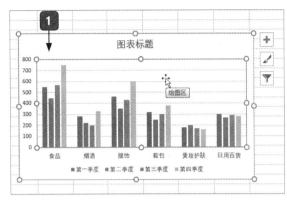

1. 打开表格，选中图表。

2. 选择【设计】选项卡。

3. 单击【更改图表类型】按钮。

4. 在【更改图表类型】对话框中选择【折线图】选项。

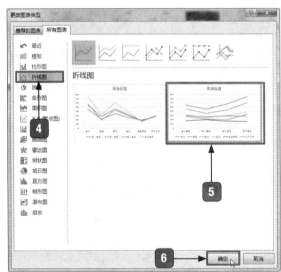

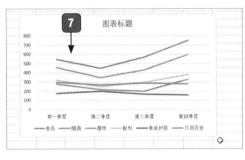

5. 选择所需要的折线图类型。

6. 单击【确定】按钮。

7. 图表类型修改成功。

若需要改成其他类型图表，则步骤相同。

6.2.3 设置组合图表

有时候我们需要制作组合图表来展示数据，那么就需要设置组合图表，打开"素材 \ch06\ 商场销售统计分析表 .xlsx"文件，创建柱状图—折线图的组合图表，具体操作步骤如下。

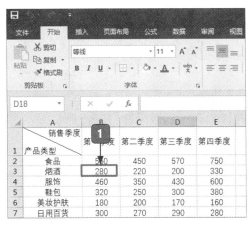

① 打开表格，选中任一数据单元格。

② 选择【插入】选项卡。

③ 单击【查看所有图表】按钮。

④ 在【插入图表】对话框中选择【组合】选项。

⑤ 单击【确定】按钮。

⑥ 组合图表创建成功。

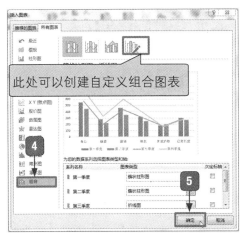

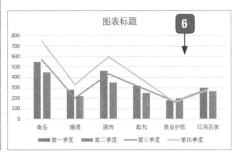

6.2.4 添加图表元素

添加图表元素可以让图表更细化，数据更清晰，在这里我们讲解添加图表标题、添加数据标签、添加数据表这 3 种常用的添加图表元素，若需要添加其他元素，过程与此类似，就需要你自己慢慢探索了。打开"素材 \ch06\ 商场销售统计分析表（柱状图）.xlsx"文件，具体操作步骤如下。

1. 添加图表标题

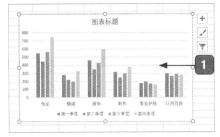

① 打开表格，选中图表。

② 选择【设计】选项卡。

③ 单击【添加图表元素】按钮。

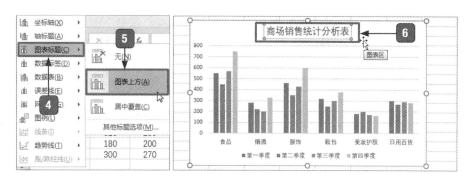

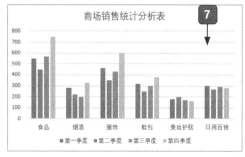

4 在弹出的下拉列表中选择【图表标题】选项。

5 在级联列表中选择【图表上方】选项。

6 输入标题"商场销售统计分析表"。

7 图表标题添加完成。

2. 添加数据标签

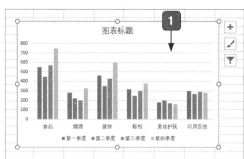

1 打开表格,选中图表。

2 选择【设计】选项卡。

3 单击【添加图表元素】按钮。

4 在弹出的下拉列表中选择【数据标签】选项。

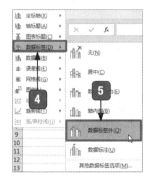

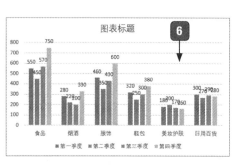

5 在级联列表中选择【数据标签外】选项。　　6 数据标签添加完成。

3. 添加数据表

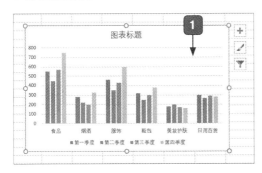

1️⃣ 打开表格，选中图表。

2️⃣ 选择【设计】选项卡。

3️⃣ 单击【添加图表元素】按钮。

4️⃣ 弹出的下拉列表中选择【数据表】选项。

5️⃣ 在级联列表中选择【显示图例项标示】选项。

6️⃣ 数据表添加完成。

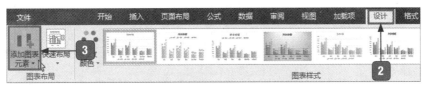

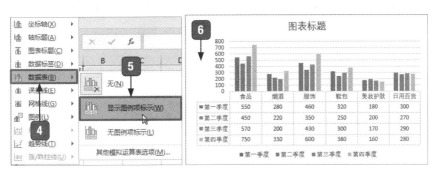

6.2.5 设置图表格式

设置图表格式可以使图表更加美化，一般有调整图表布局和修改图表样式两种。打开"素材 \ch06\ 商场销售统计分析表（柱状图）.xlsx"文件，具体操作步骤如下。

1. 调整图表布局

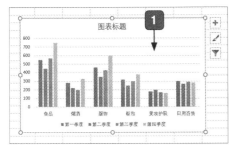

1️⃣ 打开表格，选中图表。

2️⃣ 选择【设计】选项卡。

3️⃣ 单击【快速布局】按钮。

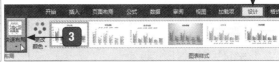

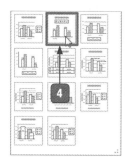 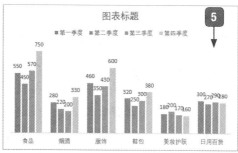

④ 在弹出的下拉列表中选择所需要的布局。

⑤ 调整图表布局完成。

2. 修改图表样式

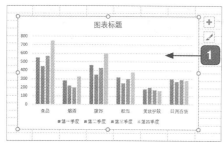 

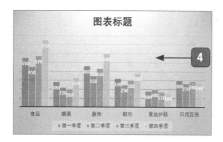

① 打开表格，选中图表。

② 选择【设计】选项卡。

③ 在【图表样式】组中选择需要的图表样式。

④ 修改图表样式完成。

到此，就完成图表样式的设置了，赶快去动手试试吧。

6.3 高级图表的制作技巧

小白： 我见过那种会动的图表，那个应该怎么做呢？

大神： 那是用到高级图表的制作技巧了，所以本节我们来讲解一下制作动态图表、悬浮图表和温度计图表。

小白： 那学会后，我是不是就是真正的制作图表高手了？

大神： 是呀，要想成为更加专业的大神，那就来学习本节的高级图表制作技巧吧。

6.3.1 制作动态图表

制作动态图表的方式有很多种，这里我们介绍一种简单的筛选动态图表，打开"素材 \ch06\ 商场销售统计分析表 .xlsx"文件，具体操作步骤如下。

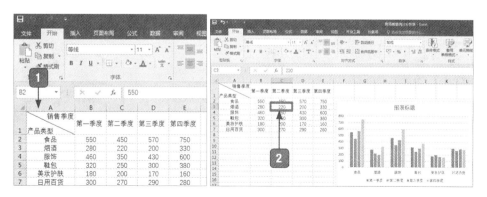

1. 打开表格，创建柱状图。
2. 选中表格任一单元格。
3. 选择【数据】选项卡。
4. 单击【筛选】按钮。

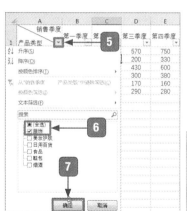

5. 单击该下拉按钮。
6. 在弹出的下拉列表中取消【全选】复选框，选中【服饰】复选框。
7. 单击【确定】按钮。
8. 图表发生变化后的效果。

若是需要图表展示其他数据，改变筛选条件，动态图表就会跟着变化了！

6.3.2 制作悬浮图表

悬浮图表就像是漂浮在数据表格之中，样式非常好看，打开"素材 \ch06\ 商场销售统计分析表 .xlsx"文件，具体操作步骤如下。

1. 选中表格任一单元格。
2. 选择【插入】选项卡。
3. 单击【柱状图】按钮。

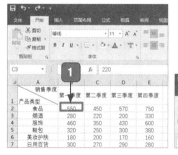

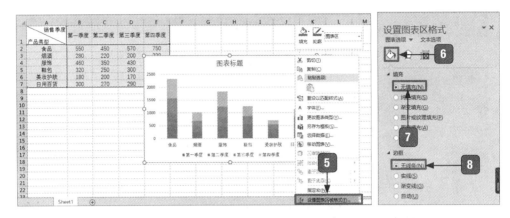

4 在弹出的下拉列表中选择【堆积柱状
图】选项。

5 右击，在弹出的快捷菜单中选择【设

置图表区域格式】选项。

6 在【设置图表区格式】窗格中选择【填
充与线条】选项卡。

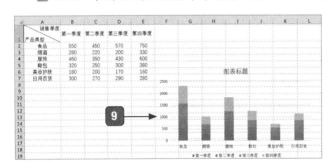

7 在【填充】组中选中【无填充】
单选按钮。

8 在【边框】组中选中【无线条】
单选按钮。

9 悬浮图表制作完成。

就这样悬浮图表就初步制作完成了，这里使用的是堆积柱状图，如果你需要，也可以制作成其他图表，最后对悬浮图表进行美化和设置就大功告成了。

6.3.3 制作温度计图表

有一种类似于温度计的图表可以展示出实际数据与目标值的差距，其实它是一种柱形图的延伸图表，那么我们如何制作这种图表呢？这里我们讲解一个比较简单的温度计图表的制作过程如下。

1 打开表格，创建柱状图。

2 右击图表，在弹出的快
捷菜单中选择【设置图
表区域格式】选项。

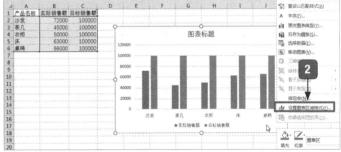

3 在【设置数据系列格式】窗格中右击【系列选项】。

4 在弹出的快捷菜单中选择【系列"实际销售额"】选项。

5 选择【系列选项】选项卡。

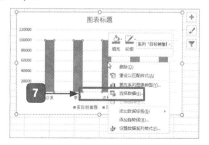

6 设置【系列重叠】为【100%】。

7 右击数据条，在弹出的快捷菜单中选择【选择数据】选项。

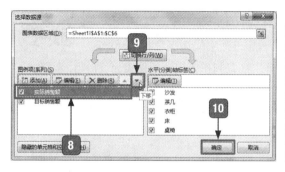

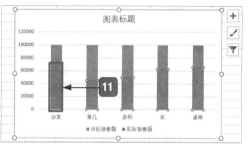

8 在【选择数据源】对话框中选中【实际销售额】复选框。

9 单击【下移】按钮。

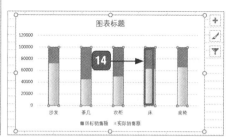

10 单击【确定】按钮。

11 右击实际销售额数据条。

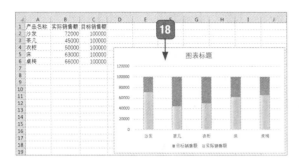

12 在【设置数据点格式】窗格中选择【填充与线条】选项卡。

13 在【填充】组中选中【渐变填充】单选按钮。

14 右击目标销售额数据条。

15 在【设置数据系列格式】窗格中选择【填充与线条】选项卡。

16 在【边框】组中选中【实线】单选按钮。

17 单击该按钮并选择颜色。

18 温度计图表制作完成。

6.4 综合实战——制作营销分析图表

既然本章内容都看完了，那么就来和我们一起进行实战演练吧！打开"素材\ch06\第一季服饰销售统计.xlsx"文件，用这个表格来制作营销分析图表。具体操作步骤如下。

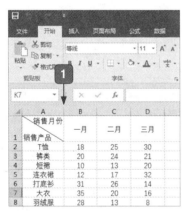

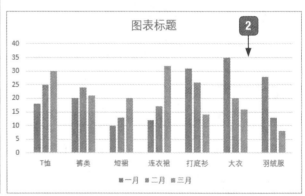

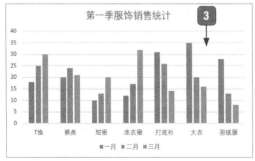

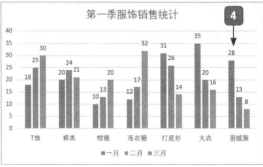

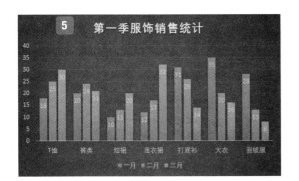

1 打开表格。

2 创建柱状图，基础表格创建成功后，已经能看出各类数据的差异和区别。

3 在表格上部中间添加标题"第一季服饰销售统计"。

4 添加数据标签，可以更清晰地看出数据的明细和分布。

5 对图表的布局和格式进行修改，以达到美观的效果，那么第一季服饰销售的营销分析图表就完成了。

痛点解析

痛点1：制作双纵轴坐标轴图表

有时候我们需要用到双纵轴坐标轴图表，那么就在这里讲述一下这种特殊表格的创建。打开"素材\ch06\手机销售统计表.xlsx"文件，具体操作步骤如下。

	A	B	C
1	季度	销售数量	销售额
2	一季度	200	1000000
3	二季度	150	750000
4	三季度	260	1250000
5	四季度	300	1500000

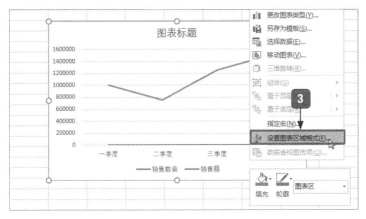

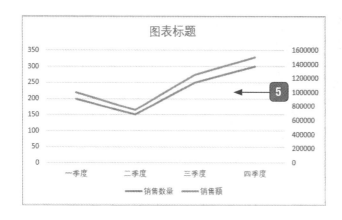

1 选中表格任一单元格。

2 创建折线图。

3 右击图表，在弹出的快捷菜单中选择【设置图表区域格式】选项。

4 在【设置数据系列格式】窗格中选中【次坐标轴】单选按钮。

5 双纵轴坐标轴图表完成。

痛点 2：创建迷你图表

在 Excel 表格中还有一种图表——迷你图表。它是一种小型图表，可以直接放在单个单元格中，因此经过压缩的迷你图表可以简明直观地显示大量数据集，这里以迷你折线图为例，打开"素材 \ch06\ 商场销售统计分析表 .xlsx"文件，具体操作步骤如下。

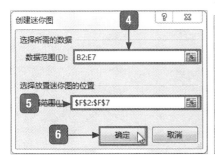

⚠	A	B	C	D	E	F
1	销售季度 / 产品类型	第一季度	第二季度	第三季度	第四季度	
2	食品	550	450	570	750	
3	烟酒	280	220	200	330	
4	服饰	460	350	430	600	
5	鞋包	320	250	300	380	
6	美妆护肤	180	200	170	160	
7	日用百货	300	270	290	280	
8						

1 打开表格。

2 选择【插入】选项卡。

3 单击【折线图】按钮。

4 在【创建迷你图】对话框中设置【数据范围】为【B2:E7】区域。

5 设置【选择设置迷你图的位置】的【数据范围】为 "$F$2:$F$7" 区域。

6 单击【确定】按钮。

7 迷你折线图创建完成。

🎓 大神支招

问：如果知道前几个月的详细销售数据，能否利用 Excel 分析出下一个月的销售量？

Excel 提供了趋势线的功能，如果明确知道前几个月的销售数据，通过添加趋势线及 FORECAST 函数就可以分析出下一个月的销售量。

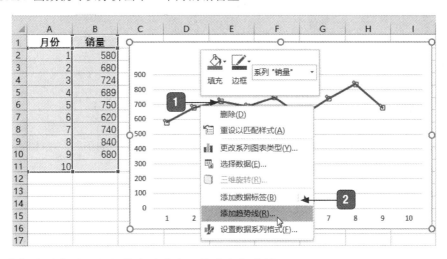

1 在折线图中要添加趋势线的线条上单击鼠标右键。

2 选择【添加趋势线】菜单命令。

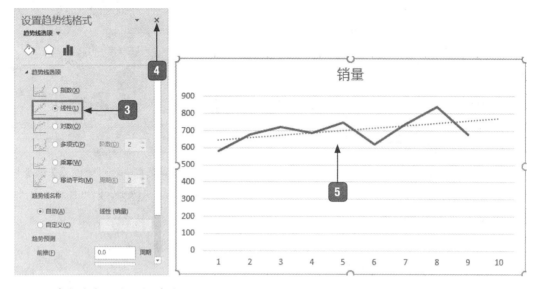

③ 单击选中【线性】单选项。

④ 关闭【设置趋势线格式】窗格。

⑤ 完成趋势线的添加。

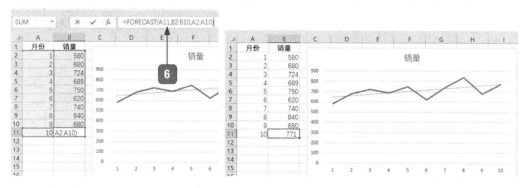

⑥ 选择单元格 B11，输入公式"=FORECAST(A11,B2:B10,A2:A10)"。按【Enter】键。

⑦ 即可预测出 10 月的销售量。

第7章

>>> 数据太多让你眼花缭乱的时候，你是不是想，
要是我能一部分一部分看该多好啊！

>>> 可是前面学的筛选、排序都用不上，怎么办？

这一章就来教你制作表格利器！

数据透视表

7.1 什么是数据透视表

"透视"？！别想歪了，这个词只是想表达它能让你更加清楚地看到你想要的数据。具体地说，数据透视表是一种可以进行计算的交互式的表，它可以动态地排版，以便于你通过不同角度不同方式来分析数据。

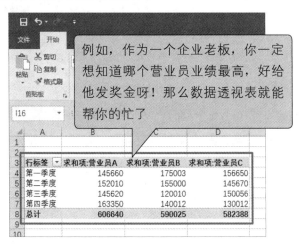

7.2 整理数据源

不是所有的数据源都可以制作数据透视表哦，只有 Excel 列表、外部数据源、多个独立 Excel 列表才是有效的数据源。

7.2.1 判断数据源是否可用

（1）要制作数据透视表，就一定要框选具体的数据，不能是空的内容，否则就会出现如下图所示的提示信息。

（2）如果你用的文件类似这样——文件教学大纲 [1]，那文件也可能会引用无效，那是因为文件名中含有"[]"符号，把它去掉就可以了！

7.2.2 将二维表整理为一维表

不知道什么是二维表？好吧，我给你举个例子。如下图所示，某一个营业额，它有两个属性：营业员的业绩和某个季度。像这样一种数据有两种属性的表格，就是二维表。我们在制作数据透视表时，一般都会把二维表转换成一维表，下面就来教你如何转换。

首先打开文件"商场各季度产品销售情况表.xlsx"。

1. 按【Alt+D】组合键，弹出提示框，但图中并没有说明如何操作转换一维表，没关系，我们接着按【P】键。

2. 在对话框中选中【多重合并计算数据区域】单选按钮。

3. 单击【下一步】按钮。

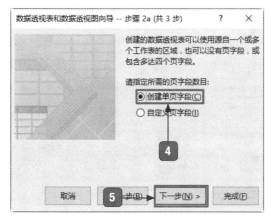

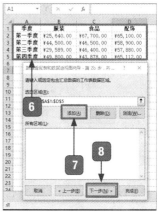

4. 在对话框中选中【创建单页字段】单选按钮。

5 单击【下一步】按钮。

6 选中所需要修改的表格内容。

7 单击【添加】按钮。

8 单击【下一步】按钮。

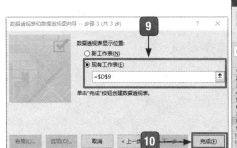

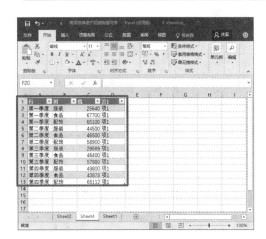

9 在对话框中选中【现有工作表】单选按钮。

10 单击【完成】按钮。

11 在【数据透视表字段】窗格中，只需选中【值】复选框，其他选项取消选中。

12 双击【求和项：值】下方数字"600999"，即可将其转化为一维表。

7.2.3 删除数据源中的空行和空列

要制作数据透视表的数据，要求可有一点点高，文件名中不但不能出现"[]"这样的符号，而且数据源中也不能有空行、空列出现哦。

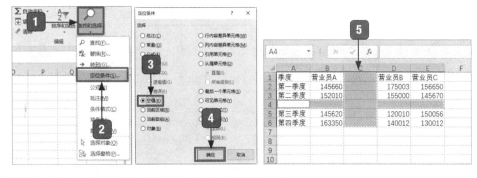

1 单击【开始】→【编辑】→【查找和选择】按钮。

2 在弹出的下拉列表中选择【定位条件】选项。

③ 在【定位条件】对话框中选中【空值】单选按钮。

④ 单击【确定】按钮。

⑤ 表格中灰色部分就是我们已经选中的要删掉的空值。

⑥ 右击灰色选中部分，在弹出的快捷菜单中选择【删除】选项。

⑦ 在【删除】对话框中选中【下方单元格上移】单选按钮。

⑧ 单击【确定】按钮。

⑨ 删除后的效果。

⑩ 同样地，右击灰色选中部分，在弹出的快捷菜单中选择【删除】选项。在【删除】对话框中选中【右侧单元格左移】单选按钮，即可删除空列。

7.3 创建和编辑数据透视表

如何创建数据透视表，一定是数据透视表的核心所在，一起学习吧！

7.3.1 创建数据透视表

看了那么多的条件和整理方法，是不是对创建数据透视表跃跃欲试了呢？下面就来教你怎么创建数据透视表！

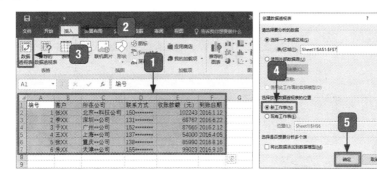

139

1 将所需要转化的表格内容选中。

2 选择【插入】选项卡。

3 单击【数据透视表】按钮。

4 在【创建数据透视表】对话框中的【选

择放置数据透视表的位置】组中选中
【新工作表】单选按钮。

5 单击【确定】按钮。

6 数据透视表的效果。

7 在【数据透视表字段】窗格中，将"客
户"字段拖曳到【行】区域中；将"收

账款额"字段拖曳到【值】区域中。

8 这样就能建立一个数据透视表了。

7.3.2 更改数据透视表布局

小白：我制作的数据透视表看着怎么那么别扭呢？

大神：这好办啊，把数据的行、列位置换一下就可以了，就是更改数据透视表的布局喽。

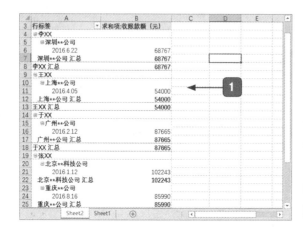

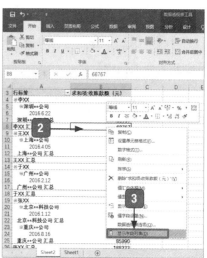

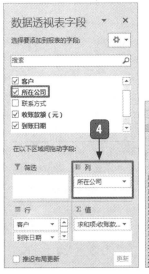

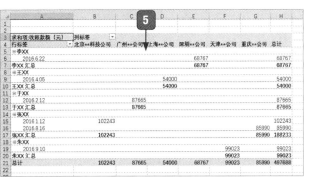

1 打开文件"2016客户记录表",在下方的工作表标签中单击"Sheet2"工作表。

2 此时我们还需要用到【数据透视表字段】窗格,在表格任意部分右击。

3 在弹出的快捷菜单中选择【显示字段列表】选项。

4 在【数据透视表字段】窗格中将"所

在公司"字段拖曳到【列】区域中。

5 图中即为修改过的透视表的布局样式。

7.3.3 更改字段名

有时候在制作出来的数据透视表中有系统默认的字段名,我们可以根据数据需求对字段进行整理。

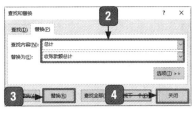

1 打开文件"2016客户记录表"。

2 按【Ctrl+H】组合键打开【查找和替换】对话框,在【查找内容】文本框中输入"总计",在【替换为】文本框中输入"收账款额总计"。

3 单击【替换】按钮。

4 单击【关闭】按钮。

5 查找替换后的效果。

7.3.4 更改数字的格式

小白：如果我想要表示数据的不同特点，如数值最高和最低，或者统一添加货币符号，那么多数据我该怎么办呢？

大神：我们可以统一更改数字的格式，下面我来一步步教你！

1. 最简便的方法——使用功能区设置

1️⃣ 打开文件"2016 客户记录表"，选中所需要修改的数据部分。

2️⃣ 选择【开始】选项卡。

3️⃣ 单击【单元格样式】按钮，可以看到在下拉列表中有很多样式可供选择。

4️⃣ 在弹出的下拉列表中的【数字格式】组中选择【货币】选项。

5️⃣ 更改数字格式后的效果。

2. 最常用的方法—使用对话框设置

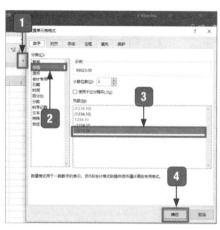

1️⃣ 同样地，选中需要修改的数据，单击【数字】组中右下角按钮。

2️⃣ 在【设置单元格格式】对话框中选择【数字】选项卡，在【分类】列表框中选择【数值】选项。

3️⃣ 在【负数】列表框中选择红色负数表示的数字。

4️⃣ 单击【确定】按钮。

5️⃣ 显示的红色负数数字的效果。

7.3.5 刷新数据透视表

小白：大神，我这里有一些数据需要更改，但是我制作的数据透视表中的数据不能同步啊，该怎么办呢？

大神：这和平常我们刷新文件是一样的呀，很简单的！

1. 打开文件"2016客户记录表"，单击【Sheet1】标签，将客户王××的【收账款额】改为【－104.00】。

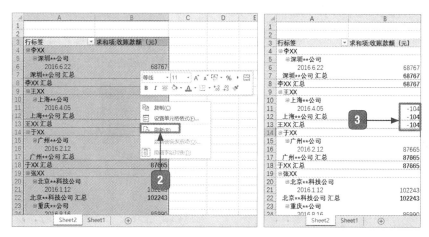

2. 再单击【Sheet2】标签，选中数据透视表中的所有数据，在选中部分的任意区域右击，在弹出的快捷菜单中选择【刷新】选项，即可刷新数据。

3. 刷新数据后的效果。

7.3.6 更改值的汇总依据

制作分类汇总的数据依据是系统默认的，而有时我们想"特立独行"一下，那么【值字段设置】便是你最好的工具。

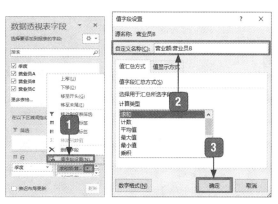

1. 打开文件"营业员各季度销售额"，打开【数据透视表字段】窗格，单击【值】区域下的下拉按钮，在弹出的下拉列表中选择【值字段设置】选项。

2. 选择自定义名称，在【自定义名称】一栏中输入【营业额：营业员B】。

3. 单击【确定】按钮。

4. 更改后的效果。

7.4 对数据透视表进行排序和筛选

有时候表中的数据很多很乱，也有的数据并不是我们需要看的，那么这就要用到数据的排序和筛选了。

7.4.1 使用手动排序

数据量不是很大的时候，我们可以将某一些行列利用鼠标拖动进行快速排序。

1 打开文件"营业员各季度销售额"，选中要拖动的单元格，将鼠标指针移动到边框处，出现四向箭头时，按住鼠标左键，拖动至目标位置即可。

2 此处移动至 B、C 列之间。

3 排序后的效果。

7.4.2 设置自动排序

小白：哎呀，这个手动的太麻烦了，能不能自动排序呀？

大神：哼，就知道你想偷懒了，来我教你，我们一起偷懒吧！

1 打开文件"营业员各季度销售额"，在【总计】行任意处右击，在弹出的快捷菜单中选择【排序】级联菜单中

的【升序】选项。

2 排序后的效果。

7.4.3 在数据透视表中自定义排序

1 同上一小节相似，此处我们将营业员每个季度的营业额进行排序，右击任意一数据单元格，在弹出的快捷菜单中选择【排序】级联菜单中的【其他排序选项】选项。

2 选中【升序】单选按钮。

3 选中【从左到右】单选按钮。

4 单击【确定】按钮。

5 自定义排序后的效果。

7.4.4 使用切片器筛选数据透视表数据

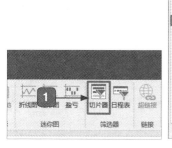

1 单击【开始】→【筛选器】→【切片器】按钮。

2 在【插入切片器】对话框中选中【所在公司】复选框。

3 单击【确定】按钮。

4 弹出该下拉列表。

5 在下拉列表中任意选择一项，就能看到对某一公司的数据筛选结果了。

7.5 对数据透视表中的数据进行计算

有时候数据透视表中的数据只是众多数据的汇总，并没有进行统计，那么我们就可以利用工具对其进行计算了。

7.5.1 对同一字段使用多种汇总方式

小白： 数据透视表中汇总的数据显示方式太单一了，我还想表示另一种，怎么办呢？

大神： 嘻嘻，把它"克隆一下"，再改个"名字"就可以了。

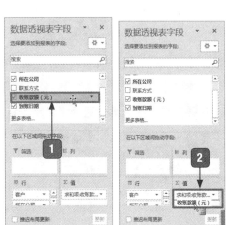

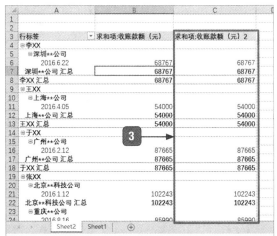

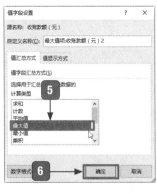

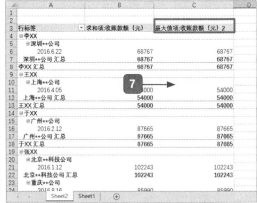

1 打开文件"2016客户记录表"，单击数据透视表任意区域，打开【数据透视表字段】窗格。

2 使用鼠标左键按住【收账款额（元）】拖动到【值】一栏中。

3 同时，数据透视表中会出现【求和项：收账款额（元）2】。

4 在【数据透视表字段】对话框中的【求和项：收账款额（元）2】处单击，在弹出的下拉列表中选择【值字段设置】选项。

⑤ 在【值字段设置】对话框中，在【计算类型】列表框中选择【最大值】选项。

⑥ 单击【确定】按钮。

⑦ 完成后的效果。

7.5.2 在数据透视表中使用计算字段

① 打开文件"2016客户记录表"，单击数据透视表中任意位置，选择【数据透视表工具】→【分析】→【字段、项目和集】→【计算字段】选项。

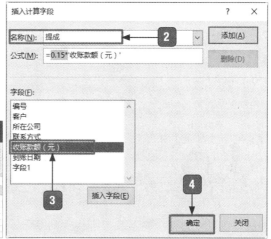

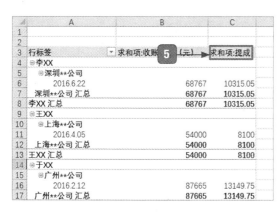

② 打开【插入计算字段】对话框，在【名称】文本框中输入"提成"。

③ 双击【字段】组中的【收账款额（元）】选项，字段将会出现在【公式】一栏中，在【=】后面加【0.15*】。

④ 单击【确定】按钮。

⑤ 完成后的效果。

7.6 一键创建数据透视图

数据透视表有了，但数据还是不够直观，不够好看，那么让数据透视图来帮你！

① 打开文件"2016客户记录表"，选择【插入】→【数据透视图】→【数据透视图】选项。

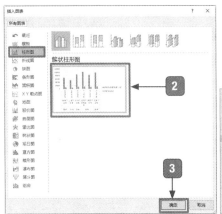

2 我们能看到，在【插入图表】对话框中有很多可供选择的图形，这里我们选择【柱形图】中的【簇状柱形图】选项。

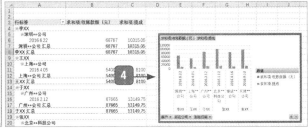

3 单击【确定】按钮。

4 完成后的效果。

7.7 综合实战——各产品销售额分析报表

这一章重点知识和细节都已经讲述清楚了，你学会了吗？如果你在超市工作，你的老板让你制作一个产品销售额分析表，能不能很熟练地做出来呢？试试吧！

1 制作数据透视表。

2 对数据进行排序。

3 生成数据透视图。

4 利用切片器筛选数据。

痛点解析

痛点：将数据透视表转为图片

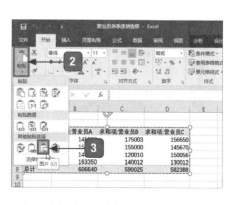

1 打开"营业员各季度销售额.xlsx"文件，单击【数据透视表】标签。

2 选中表格所有内容，按【Ctrl+C】组合键复制数据透视表，单击【开始】→【剪贴板】→【粘贴】按钮。

3 在弹出的下拉列表中选择【图片】选项。

4 即可将数据透视表粘贴为图片形式。

149

大神支招

问：在一个工作簿中创建了多个数据透视表，能否同时在多个表中筛选出需要的数据？

答案是肯定的，使用切片器能够直观地筛选数据透视表中的数据。如果需要在不同的数据透视表中分析数据，只需要使用切片器将数据透视表连接，使多个数据透视表进行联动，每当筛选切片器内的一个字段时，多个数据透视表同时刷新。

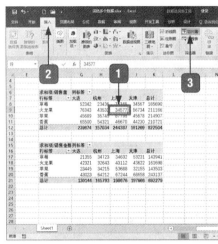

① 在工作表中根据原数据创建两个不同的数据透视表，并选择任意透视表的一个单元格。

② 选择【插入】选项卡。

③ 单击【筛选器】组中的【切片器】按钮。

④ 选择【地区】复选框。

⑤ 单击【确定】按钮。

⑥ 选择插入的切片器。

⑦ 单击【选项】→【切片器】→【报表连接】按钮。

⑧ 单击选中要连接透视表前的复选框。

⑨ 单击【确定】按钮。

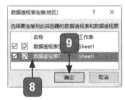
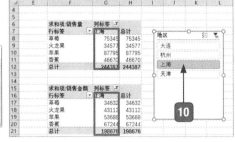

⑩ 在切片器中单击【上海】选项，即可同时在两个数据透视表中筛选出需要的数据。

第8章

公式与函数

>>> 你知道公式与函数的使用能带来多大好处吗？

>>> 拿到一张拥有上万名公司员工信息的表格，查找个别员工的信息，难道你要一个一个翻着找吗？

>>> 需要核实全体员工工资信息时，成百上千名员工难道你还要一条一条地比对吗？

不用麻烦了，这些所有的"难道"都不存在，你只需要使用公式和函数就能解决这些问题，那就一起来领略一下函数与公式的魅力吧！

8.1 公式的基础知识

8.1.1 运算符及优先级

1.运算符

运算符是用于对公式中的元素所做运算类型的指明。Excel 2016 中包含 4 种运算符：算术运算符、比较运算符、文本运算符及引用运算符。

（1）算术运算符。

什么是算术运算符呢？顾名思义，就是数学运算符，即我们小时候学习的加减乘除等运算符号，有如下几种。

算术运算符	作用	示例
加号（+）	加法运算	1+1
减号（-）	减法运算	2-1
星号（*）	乘法运算	2*3
正斜线（/）	除法运算	4/2
百分号（%）	百分比	30%
脱字符（^）	求幂	3^2（等于 3 乘以 3）

（2）比较运算符。

比较运算符是用来比较数值大小的，其结果返回一个逻辑值，TRUE 或 FALSE。比较时用下表中的运算符。

比较运算符	作用	示例 / 结果
等于（=）	逻辑比较等于	4=3/FALSE
大于（>）	逻辑比较大于	5>2/TRUE
小于（<）	逻辑比较小于	3<5/TRUE
大于或等于（>=）	逻辑比较大于等于	8>=9/FALSE
小于或等于（<=）	逻辑比较小于等于	6<=6/TRUE
不等于（<>）	逻辑比较不等于	2<>3/TRUE

（3）文本运算符。

文本运算符又称文本连接符，顾名思义，就是用来连接文本的符号，可以连接两个及多个文本，从而形成一串新的文本字符串。

文本运算符	作用	示例
和号（&）	连接文本	"Micro" & "soft" & "Visual" =MicrosoftVisual

（4）引用运算符。

引用运算符需要与单元格引用一起使用。那到底什么是引用运算符呢？这个就有点难理解了。不过通过下表的示例展示，相信你会一目了然的。引用运算符包括范围运算符、联合运算符、交叉运算符。

引用运算符	作用	示例
冒号（:） 范围运算符	单元格所有区域的引用	=SUM（A1:C4）
逗号（,） 联合运算符	将多个单元格引用或范围引用合并为一个引用	=SUM（A2,A4,C2,C4）
单个空格（ ） 交叉运算符	两个单元格区域相交的部分	=SUM（A2:B4 A4:D6） 相当于 =SUM（A4:B4）

2. 运算符的优先级

四种运算符的优先级是：引用运算符、算术运算符、文本运算符、比较运算符。

运算符优先级细分如下表所示。（在同一行的属于同级运算符。）

符号	运算符
–	负号
:（冒号）	引用运算符
（空格）	引用运算符
,（逗号）	引用运算符
%	百分号
^	求幂
*、/	乘号和除号
+、–	加号和减号
&	文本连接符
=、<、>、<=、>=、<>	比较运算符

8.1.2 输入和编辑公式

1. 输入公式

在单元格中输入公式有手动输入和自动输入两种。下面就来进行具体的介绍。

（1）手动输入。

1 选中单元格 I3，并在其中输入"=D3"。

2 此时，单元格 D3 被引用。

3 输入"+"，然后选择 E3 单元格，

（2）自动输入。

再依次输入"+F3+G3+H3"，此时，E3、F3、G3 和 H3 单元格也被引用。

4 按【Enter】键即可完成输入。

自动输入比手动输入快，而且也不容易出错。具体操作步骤如下。

1 选中 I3 单元格。

2 单击 Excel 页面右上角的【自动求和】按钮。

3 按【Enter】键即可完成输入。

4 完成自动输入后的效果。

2. 编辑公式

在运用公式进行运算时，如果发现公式有错误，不用担心，还可以对其进行编辑呢。下面就用图解详细介绍一下。

1 比如求和公式，我们需要计算的是"E21+F21+G21"，所以需要对其进行编辑。

2 将公式"=SUM(D21:G21)"改成"=SUM(E21:G21)"。

8.2 公式使用技巧

你还在为求和时需要一行一行地输入公式进行计算而发愁吗？你还在为工作簿需要保密传送而苦恼吗？公式的使用技巧让你不再发愁，不再苦恼，快跟我来学习吧。

8.2.1 公式中不要直接使用数值

在引用单元格区域时不要直接使用数值，如果在公式中使用数值，那么计算 H 列的结果必须一个一个地输入公式计算，这样就大大增加了工作量。如果直接使用公式，只需要在 H 列的第一个单元格输入公式，下面的结果通过一步复制就可以完成了。

8.2.2 精确复制公式

1. 普通复制公式

普通复制公式就是将一个单元格的公式复制到另外的单元格中，具体操作步骤如下。

1 选中 H3 单元格。

2 单击【复制】按钮，选中的 H3 单元格

边框显示闪烁的虚线。

③ 选中 H4 单元格。

④ 单击【开始】选项卡【剪贴板】组中的【粘贴】下拉按钮。

⑤ 选择【粘贴】选项。

⑥ H3 单元格仍然处于被复制状态，所以下面的直接粘贴就可以了。

2. 使用"快速填充"复制公式

使用"快速填充"的方法复制公式会大大减少工作量。具体操作步骤如下。

1️⃣ 选中 H3 单元格。

2️⃣ 将鼠标指针移动到 H3 单元格的右下角，此时鼠标指针变成＋形状。

3️⃣ 拖动鼠标至单元格 H10，即可完成公式的复制。

8.2.3 将公式计算结果转换为数值

小白：大神，如果我想要把工作簿传送给老板，但是为了保密，不希望别人看到我的公式结构，那该怎么办呢？

大神：直接选择性粘贴，将公式结果转化为固定数值就可以了。我给你演示一遍吧。

按住鼠标左键拖动选中整个工作表。

单击【开始】选项卡中的【复制】按钮，此时被选中区域边框显示闪烁的虚线。

单击【粘贴】下拉按钮，在下拉列表中选择【选择性粘贴】选项。

单击【确定】按钮。

选中【选择性粘贴】对话框中的【数值】单选按钮。

选中之前有公式的一列中任意的单元格，编辑栏中显示的将不再是公式，而是数值。

8.3 数据的统计

统计数据时，如果数据量很大，你还要一个一个地数吗？这时候就需要用到统计函数了，使用统计函数可以大大地缩短工作时间，提高工作效率。这一节就以 COUNT、COUNTA、COUNTIF 函数来说明用法。

8.3.1 使用 COUNT 函数统计个数

COUNT 函数用来统计包含数字及包含参数列表中的数字单元格的个数。下面具体介绍如何使用 COUNT 函数。

蓝色区域就是公式括号内包含的单元格区域

1 任意选中一个单元格。

2 在单元格中输入公式"=COUNT (A2:D6)"。

3 按【Enter】键，单元格中就会显示"8"，代表包含的单元格区域含有 8 个数值。

提示:

如果你输入的公式参数中有数值，COUNT 函数也会统计到。

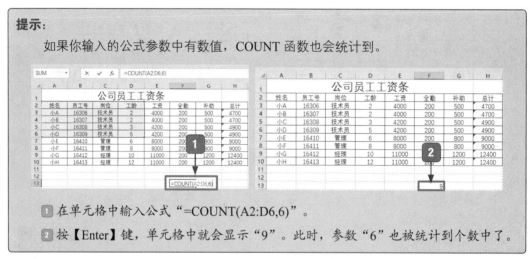

1 在单元格中输入公式"=COUNT(A2:D6,6)"。

2 按【Enter】键，单元格中就会显示"9"。此时，参数"6"也被统计到个数中了。

8.3.2 使用 COUNTA 函数动态统计个数

COUNTA 函数与 COUNT 函数的区别是，COUNTA 函数是用来统计单元格区域中非空白单元格的个数的。

1 选中任意一个空白单元格。

2 在选中的单元格中输入"=COUNTA (A2:D6,6)"。

3 按【Enter】键，单元格中就会显示"21"。此时，数值"6"也被函数统计到，所以结果是"21"。

8.3.3 使用 COUNTIF 函数进行条件计数

COUNTIF 函数用来统计单元格区域中满足给定条件的单元格个数。表达式为"=COUNTIF(range,criteria)"，其中 range 是需要计算的单元格区域，criteria 是确定哪些单元格将被计算在内。

统计【总计】中大于 4000 小于 10 000 的人数。

公式的作用：用【总计】大于 4000 的人数减去大于 10 000 的人数。

159

1. 选中任意一个空白单元格。

2. 在选中的单元格中输入"=COUNTIF(H2: (H2:H10,">4000") — COUNTIF(H2:H10, ">10000")"。

3. 按【Enter】键,单元格就会显示"6"。

COUNTIF 函数中条件不仅可以使用运算符,也可以使用通配符(常用的有"*"和"?")。

8.4 修改错误值为任意想要的结果

你想快速判断产品是否合格吗?你想快速而准确地查找大量数据,从而得到自己想要的结果吗?下面介绍如何判断数据和通过修改公式查找到任意想要的结果。

8.4.1 使用 IF 函数进行判断

IF 函数主要是为了对引用的单元格进行判断,判断是否满足条件。其表达式为:

IF(条件 , 结果 1, 结果 2)

其中,"结果 1"是判断条件为真时返回的结果,"结果 2"是判断条件为假时返回的结果。其具体的操作如下。

公式的作用:判断单元格 H3 中的数值是否大于 5000,如果大于 5000,"奖金"一栏 I3 单元格为 2000,否则 I3 单元格为 1000。

1. 选中 I3 单元格。

2. 在单元格中输入"=IF(H3>5000,2000, 1000)"。

3. 按【Enter】键。

4. 将鼠标指针移动到 I3 单元格的右下角,此时鼠标指针变成＋形状,然后拖动鼠标至 I10 单元格。

8.4.2 使用 AND、OR 函数帮助 IF 函数实现多条件改写

其实就是通过 AND、OR 和 IF 函数的嵌套使用来实现多条件改写。其操作步骤如下。

公式的作用：如果单元格 G3 中的数值大于等于 500 且小于 800，则是"合格"，否则为"不合格"。

1 选中 J3 单元格。

2 在单元格中输入"=IF(AND(G3>=500,G3<800)，" 合格 "," 不合格 ")"。

3 按【Enter】键即可。

4 将鼠标指针移动到 J3 单元格的右下角，

此时鼠标指针变成 + 形状，然后拖动鼠标至 J10 单元格。

> **提示：**
>
> OR 的用法和 AND 的用法是一样的，只是表示不一样，AND 表示"且"，即条件全部同时满足，而 OR 表示"或"，即至少一个满足即可。

8.4.3 使用 VLOOKUP 函数进行查找

进行数据查找时，使用 VLOOKUP 函数就不需要一个一个查找了，只需要选中输入函数公式就可以了，迅速又准确，尤其是需要在大量数据中查找时更能体现它的魅力。接下来具体介绍使用 VLOOKUP 函数如何进行普通查找。其操作步骤如下。

1 假设需要查找这些数据。

2 选中单元格 K3。

3 单击【公式】选项卡中的【查找与引用】下拉按钮。

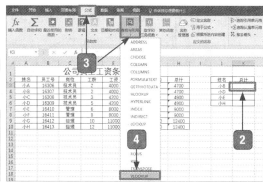

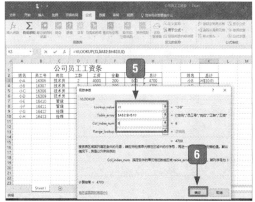

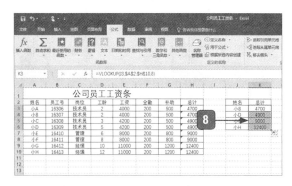

4 选择【VLOOKUP】选项。

5 在文本框中依次输入数据，或者直接在 K3 单元格中输入公式"=VLOOKUP(J3,$A$2:$H$10,8)"。

6 单击【确定】按钮。

7 即可查到"小 B"的总计。

8 移动鼠标指针至 K3 单元格右下角，指针变成+形状，然后按住鼠标拖动至 K6 单元格。

8.5 海量数据查找：VLOOKUP 函数

查找数据时，如果没有 VLOOKUP 函数还得一个一个查找，非常费时间，尤其是需要海量查找数据时，有了 VLOOKUP 函数，就大大地提高了工作效率。

8.5.1 使用 VLOOKUP 函数进行批量顺序查找

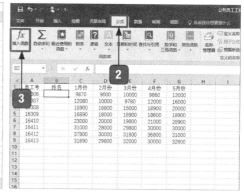

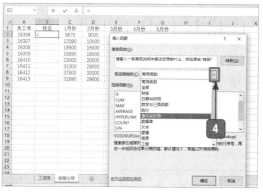

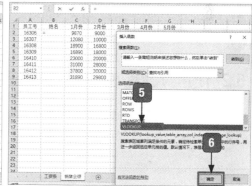

1 单击【销售业绩】标签。

2 选择【公式】选项卡。

3 单击【插入函数】按钮。

4 单击【或选择类别】后面的下拉按钮,

选择【查找与引用】选项。

5 找到【VLOOKUP】函数并选择。

6 单击【确定】按钮。

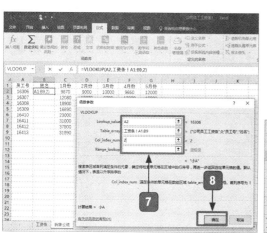

7 在【Lookup_value】文本框中输入"A2";
在【Table_array】文本框中输入"工资
条!A1:B9";在【Col_index_num】
文本框中输入"2"。

4	A	B	C	D	E	F	G
1	员工号	姓名	1月份	2月份	3月份	4月份	5月份
2	16306	小A	9870		10000	9860	12000
3	16307		12080	10000	9780	12000	16000
4	16308		18900	16800	15000	18900	20000
5	16309		16890	18000	18900	18600	18900
6	16410		23000	20000	19800	21000	28900
7	16411		31000	28000	29800	30000	30000
8	16412		37800	30000	31800	36800	31000
9	16413		31890	29800	32000	30000	32800
10							
11							

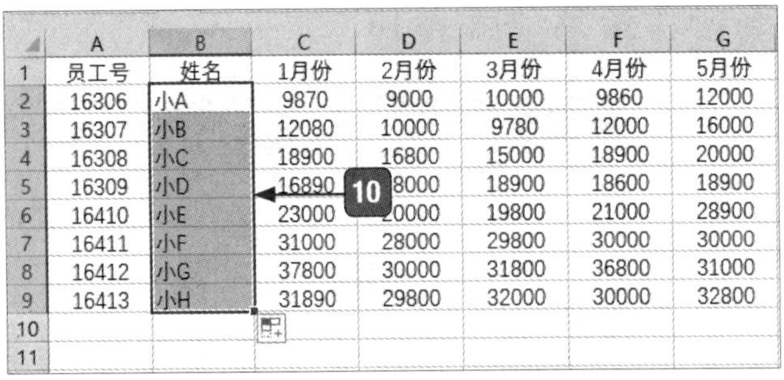

	A	B	C	D	E	F	G
1	员工号	姓名	1月份	2月份	3月份	4月份	5月份
2	16306	小A	9870	9000	10000	9860	12000
3	16307	小B	12080	10000	9780	12000	16000
4	16308	小C	18900	16800	15000	18900	20000
5	16309	小D	16890	18000	18900	18600	18900
6	16410	小E	23000	20000	19800	21000	28900
7	16411	小F	31000	28000	29800	30000	30000
8	16412	小G	37800	30000	31800	36800	31000
9	16413	小H	31890	29800	32000	30000	32800
10							
11							

8 单击【确定】按钮。

9 查找效果如图所示。

10 完成自动填充。

VLOOKUP 函 数 的 表 达 式 为：VLOOKUP(Lookup_value,Table_array,Col_index_num,Range_lookup)，其中，Lookup_value 是查找目标；Table_array 是查找范围；Col_index_num 是返回值的列数；Range_lookup 是精确查找或模糊查找，1 是模糊查找，0 是精确查找。精确即是完全一样，模糊就是包含的意思；如果参数指定值是 0 或 FALSE 就表示精确查找，如果参数指定值是 1 或 TRUE 就表示模糊查找。（如果不小心把这个参数漏掉了，默认为模糊查找。）

8.5.2 使用 VLOOKUP 函数进行批量无序查找

使用 VLOOKUP 函数进行批量无序查找，其实操作起来跟顺序查找是一样的，下面就来具体介绍一下。

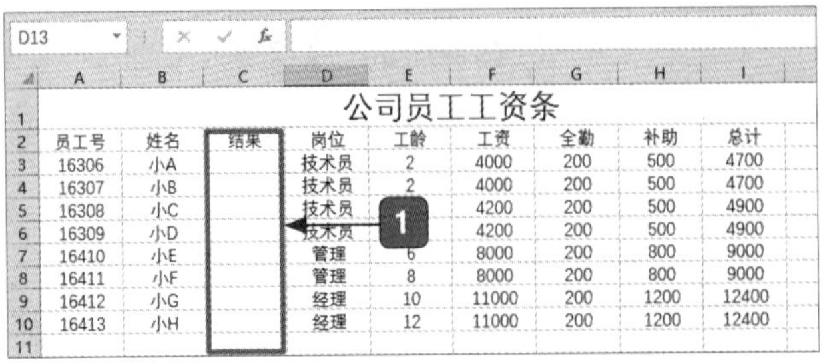

B7						
	A	B	C	D	E
1	姓名	员工号			
2	小A	16306			
3	小E	16410			
4	小F	16411			
5	小H	16413			

公司员工工资条

	A	B	C	D	E	F	G	H	I
2	员工号	姓名	结果	岗位	工龄	工资	全勤	补助	总计
3	16306	小A		技术员	2	4000	200	500	4700
4	16307	小B		技术员	2	4000	200	500	4700
5	16308	小C		技术员	4	4200	200	500	4900
6	16309	小D		技术员	4	4200	200	500	4900
7	16410	小E		管理	8	8000	200	800	9000
8	16411	小F		管理	8	8000	200	800	9000
9	16412	小G		经理	10	11000	200	1200	12400
10	16413	小H		经理	12	11000	200	1200	12400
11									

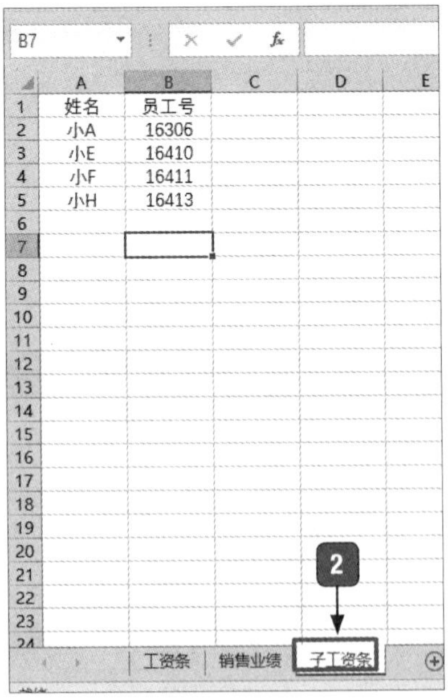

工资条 | 销售业绩 | 子工资条

1. 为了方便显示查找结果，在【姓名】后面插入一个空白列。

2. 假设【子工资条】中有我们需要查找的内容。

3. 选中C3单元格，然后输入"=VLOOKUP(B3, 子工资条!A\$2:B\$5,1,FALSE)"。然后按【Enter】键。

公式的作用如下。

"B3"：为查找的目标，就是小A。

"子工资条！A\$2：B\$5"：为需要查找的范围，即查找子工资条 A2:B5 单元格区域中的内容。"1"：为返回值的列数，就是给定查找范围中的列数，本例中我们需要返回的是"姓名"，它是子工资条中的第一列。

"FALSE"：为精确查找。

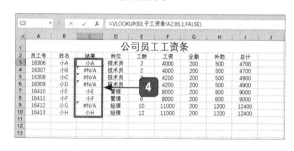

4. 移动鼠标指针至C3单元格右下角，指针变成＋形状，然后拖动鼠标至C10单元格，完成自动填充。

8.6 综合实战——制作公司员工工资条

每个公司在发工资之前都会先发工资条，那制作工资条的任务就很重大了，你想快速地制作出所有员工的工资条吗？你想制作的员工工资条既美观又准确吗？那就跟着我来看看详细的步骤吧。

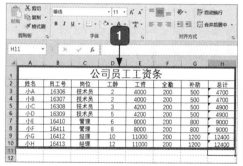

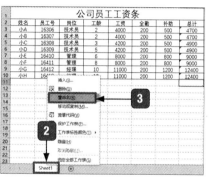

1 新建一个空白工作簿，输入数据，或者把之前做好的复制过来。

2 右击【Sheet1】工作表标签。

3 选择【重命名】选项。

4 输入"公司员工工资条"。

5 按【Enter】键即可完成重命名。

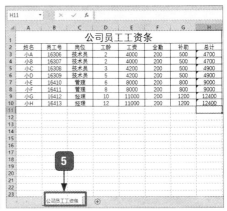

6 在后面的空白列中，从该列第三行开始，依次输入 1、2，然后自动填充整列。

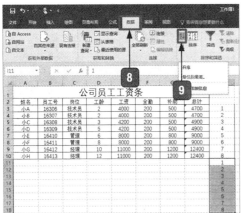

7 将刚刚的序号列复制到这列下面。

8 选择【数据】选项卡。

9 单击【升序】按钮。

10 单击【排序】按钮。

11 辅助列就变成了 112233……各行之间就会多出一个空白行。

此时辅助列就没有了利用价值，为了表格的美观，就把它删掉吧。

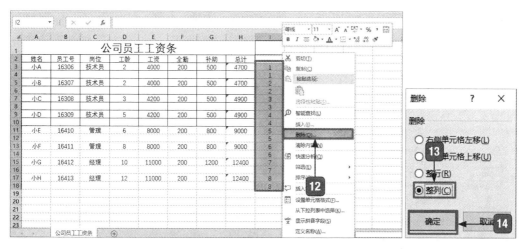

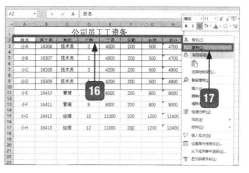

12 选中该列，右击，在弹出的快捷菜单中选择【删除】选项。

13 选中【整列】单选按钮。

14 单击【确定】按钮。

15 删除之后的效果。

16 选中第二行单元格区域。

17 右击，在弹出的快捷菜单中选择【复制】选项。

18 选中工作表区域，然后按【Ctrl+G】组合键。

19 在弹出的对话框中单击【定位条件】按钮。

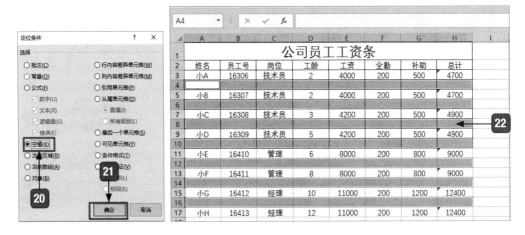

20 选中【空值】单选按钮。

21 单击【确定】按钮。

22 空白行就会变成蓝色，然后选中任意一个蓝色单元格。

23 单击【粘贴选项】中的【粘贴】按钮。

24 结果如图所示。

最后的效果如下图所示。

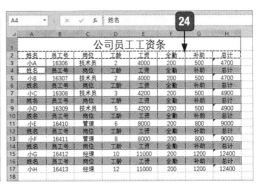

痛点解析

小白：大神啊，我好崩溃，看了你前面的图解，跟着操作感觉也没什么难的，很快就学会了，可是 VLOOKUP 函数的公式输入之后，为什么总是显示不了预想的结果呢？

大神：哈哈，别着急，VLOOKUP 函数的使用有几个易错的地方，我来给你解决。对了，每个公式的解释一定要仔细看一下。

痛点 1：VLOOKUP 函数第 4 个参数少了或者设置错误

实例：查找姓名时出现错误。

错误原因：VLOOKUP 函数的第 4 个参数为 0 时代表精确查找，为 1 时代表模糊查找。如果忘了设置第 4 个参数，则会被公式误认为是故意省略的，这时会进行模糊查找。当区域不符合模糊查找的规则时，公式就会返回错误值。

解决办法：第 4 个参数改为 0（注意：第 4 个参数是 0 的时候可以省略，但是 "," 一定得保留）。

痛点 2：VLOOKUP 函数因格式不同查不到

实例：查找格式为文本型数字，被查找区域为数值型数字。

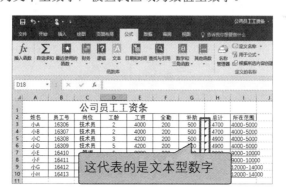

这代表的是文本型数字

错误原因：在 VLOOKUP 函数查找过程中，文本型数字和数值型数字被认为是不同的字符，所以造成查找错误。错误公式：=VLOOKUP(B14,A2:C10,1,0)。

解决办法：将文本型数字转换为数值型，即把公式改为 "=VLOOKUP(B14*1,A2:C10,1,0)"。

痛点 3：VLOOKUP 函数查找内容遇到空格

实例：单元格中含有多余的空格，会导致查找错误。

错误原因：有多余空格，用不带空格的字符查找肯定会出错的。

解决办法：手工替换掉空格就可以了。在公式中使用 TRIM 函数就可以，如原本公式为

"=VLOOKUP(A9,A1:C10,2,0)"，那就改为"=VLOOKUP(A9,TRIM(A1:C10),2,0)"。

大神支招

问：手机通讯录或微信中包含有很多客户信息，能否将客户分组管理，方便查找？

使用手机办公，必不可少的就是与客户的联系，如果通讯录中客户信息太多，可以通过分组的形式管理，这样不仅易于管理，还能够根据分组快速找到合适的人脉资源。

1. 在通讯录中将朋友分类

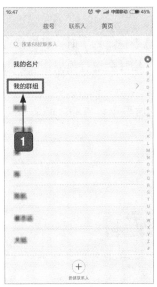

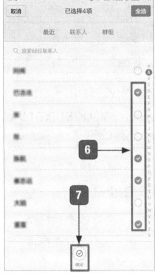
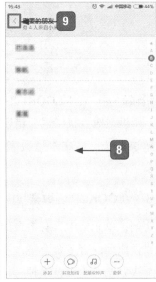

1 打开通讯录界面，选择【我的群组】选项。

2 点击【新建群组】按钮。

3 输入群组名称。

4 点击【确定】按钮。

5 点击【添加】按钮。

6 选择要添加的名单。

7 点击【确定】按钮。

8 完成分组。

9 点击【返回】按钮，重复上面的步骤，继续创建其他分组。

2. 微信分组

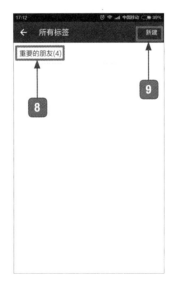

1 打开微信，点击【通讯录】按钮。

2 选择【标签】选项。

3 点击【新建标签】按钮。

4 选择要添加至该组的朋友。

5 点击【确定】按钮。

6 输入标签名称。

7 点击【保存】按钮。

8 完成分组的创建。

9 点击【新建】按钮可创建其他分组标签。

>>> 如何创建演示文稿副本？

>>> 幻灯片的基本操作有哪些快捷方法？

>>> 使用 PowerPoint 的辅助工具，提高演示文稿质量的方法你知道吗？

>>> 怎么在 PPT 中制作多变的文字呢？

本章将带领你完成 PowerPoint 2016 的安装并掌握其基本操作！

PowerPoint 的基本操作

9.1 轻松高效创建演示文稿

可以直接创建演示文稿，也可以从现有演示文稿创建新的演示文稿。

9.1.1 直接创建演示文稿

在桌面上找到 PowerPoint 2016 的图标，打开主程序。

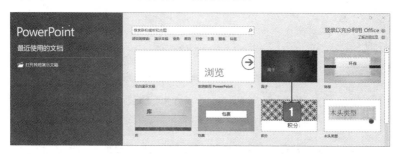

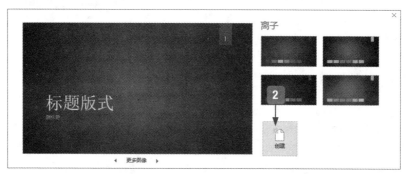

1 启动 PowerPoint 后，在打开的界面中选择一种模板。

2 选择模板后，在打开的界面中单击【创建】按钮。

3 完成新建演示文稿的操作。

9.1.2 从现有演示文稿创建

从现有演示文稿创建的主要作用是使用当前已有的演示文稿创建新的演示文稿，然后在新建的演示文稿中简单修改就直接使用，如在北京、上海等不同区域演讲，内容相同，但城市名称需要修改，就可以使用这种方法，不仅便捷，还能提高工作效率。

1. 最快速的方法——直接复制文件

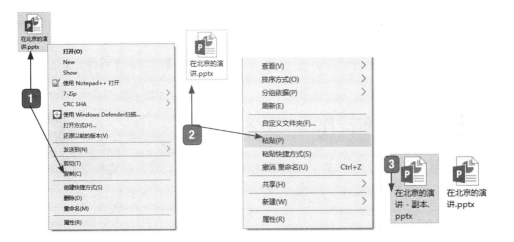

1. 在原文件上右击，选择【复制】命令。
2. 再在空白处右击，选择【粘贴】选项。
3. 即可看见创建的副本文件，直接打开并修改内容即可。

2. 最常规的方法——以副本打开

1. 选择【文件】选项卡。
2. 选择【打开】选项。
3. 单击【浏览】按钮。

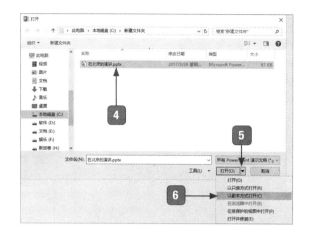

4 选择要以副本方式打开的演示文稿
  文件。

5 单击【打开】下拉按钮。

6 选择【以副本方式打开】选项即可。

9.2 幻灯片的基本操作

这一节讲解幻灯片的基本操作，包括新建幻灯片、移动幻灯片、复制幻灯片、删除幻灯片和播放幻灯片。

9.2.1 新建幻灯片

新建幻灯片是制作演示文稿的第一步。

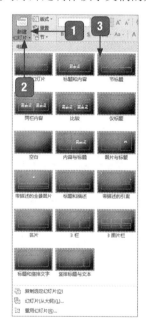

1 直接单击【新建幻灯片】按钮，可以新建幻灯片。

2 单击【新建幻灯片】的下拉按钮。

3 选择幻灯片版式，即可新建幻灯片。

9.2.2 移动幻灯片

当你在制作演示文稿时，发现幻灯片排列错误或者不符合逻辑，就需要对幻灯片的位置进行调整，此时可以使用下面的方法来移动幻灯片。

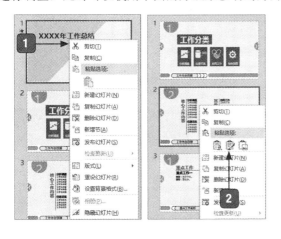

1 在幻灯片窗格选择幻灯片并右击，选择【剪切】命令。

2 在要移动到的位置右击，在弹出的快捷菜单中单击【粘贴选项】下的【保留源格式】按钮，即可完成幻灯片的移动。

9.2.3 复制幻灯片

如果需要风格一致的演示文稿，可以通过复制幻灯片的方式来新建一张相同的幻灯片，然后在其中修改内容即可。

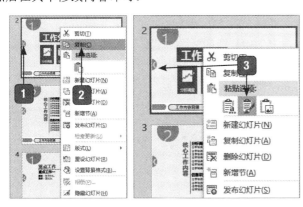

1 在要复制的幻灯片上右击。

2 选择【复制】命令。

3 在要粘贴到的位置右击，单击【粘贴选项】下的【保留源格式】按钮，即可完成复制操作。

> **提示：**
> 在键盘上按【Ctrl+C】组合键，可以快速复制幻灯片，按【Ctrl+X】组合键，可剪切幻灯片页面，在要粘贴到的位置按【Ctrl+V】组合键，可粘贴幻灯片页面。

177

9.2.4 删除幻灯片

如果有多余或错误的幻灯片，可以将其删除，可以通过【删除幻灯片】命令删除，也可以在幻灯片窗格中选择要删除的幻灯片，按【Delete】键删除。

① 在要删除的幻灯片上右击。

② 选择【删除幻灯片】命令即可。

9.2.5 播放幻灯片

制作幻灯片时，会在幻灯片中使用各种动画和切换效果，那幻灯片制作完成后，要如何查看最终的制作效果呢？可以通过播放幻灯片来查看，在【幻灯片放映】选项卡下的【开始放映幻灯片】组中可以看到【从头开始】【从当前幻灯片开始】等多种放映幻灯片的方式，可以根据需要选择。

【从头开始】：不管当前选择哪一张幻灯片页面，都将从第一张幻灯片开始放映。

【从当前幻灯片开始】：单击此按钮，将从当前选择的幻灯片页面放映幻灯片。

【联机演示】：通过网络联机放映，方便不同地区的观众观看。

【自定义幻灯片放映】：根据需要自定义幻灯片的放映方式，可以选择部分页面放映，可以根据需要调整幻灯片页面放映顺序。

进入播放界面后该怎么播放下一张 PPT？该怎么结束本次播放呢？

在播放界面右击，在弹出的快捷菜单中有【上一张】和【下一张】选项，根据需要选择即可跳转至幻灯片的上一张或下一张。在【结束放映】处单击即可结束本次放映。

此外，也可以按【Enter】键或【Space】键放映下一张幻灯片，按【Esc】键结束幻灯片放映。

9.3 其他操作及设置

除了上面最基本的操作外，PowerPoint 2016 还有很多强大且专业的辅助工具，如标尺、网格线及参考线等，此外，也可以根据需要自定义窗口。

9.3.1 标尺、网格线和参考线的设置

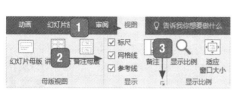

① 选择【视图】选项卡。

② 选中 3 个复选框。

③ 单击【网格设置】按钮可打开【网格和参考线】对话框。

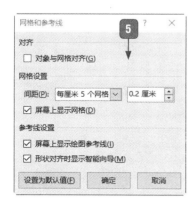

④ 此时可以在幻灯片上面看到标尺、网格线和参考线的效果。使用辅助工具，可以对齐页面中的内容，使页面工整、美观。

⑤ 在【网格和参考线】对话框中可以根据需要设置网格和参考线。

9.3.2 显示比例设置

如果幻灯片所投放的屏幕比例为 4:3，但 PowerPoint 2016 默认的比例为 16:9，此时，放映幻灯片时效果就比较差，将幻灯片窗口的大小同样调整为 4:3，就能使幻灯片达到更好的放映效果。

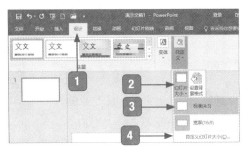

1 选择【设计】选项卡。

2 单击【幻灯片大小】按钮。

3 单击【标准（4:3）】按钮。

4 如果要设置为其他大小，选择【自定

义幻灯片大小】选项。

5 即可根据需要设置宽度和高度。

6 设置完成，单击【确定】按钮。

9.4 文字的外观设计

是否看腻了千篇一律的一种字体？是否想让自己的PPT与众不同？在制作PPT的过程中，对字体的编辑是最常见的，搭配恰当的字体能让人看起来很舒服，同时也能够增加幻灯片的美感。

有句话说得好，"人靠衣装，佛靠金装"，文字也是如此，漂亮的文字才能吸引人们的注意力，才能在众多PPT中脱颖而出！本节将介绍文字外观设计。

9.4.1 匹配适合的字号和间距

除了字体的搭配外，还有字体的字号和字体之间的间距。简单来说就是文字的排版问题。一般制作幻灯片既要简洁美观，又要看起来舒服。下面举例说明。

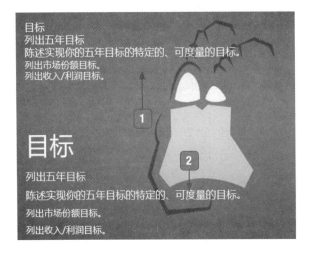

1 标题与正文字号相同，单倍行距。

2 标题字号比正文字号大，双倍行距。

很明显，下面的文字要优于上面，这就是间距和字号的改变所引起的整篇文字效果的升华，更能突出所要展现的主题。

9.4.2 设置字体的放置方向

关于字体的放置方向，除了横排和竖排两种外，还有古文字和现代文字的排版，古文字有从右到左、从上到下的排版方式，那么选择什么样的放置方向，就看自己的选择了。总之就是要契合主题。

1 单击【开始】选项卡【段落】组中的【文字方向】下拉按钮。

2 在弹出的下拉列表中选择需要的文字方向。

3 若这些设置还不能满足，则可以选择【其他选项】选项，进行设置。

4 在【设置形状格式】窗格的【文字方向】下拉列表中选择文字方向。

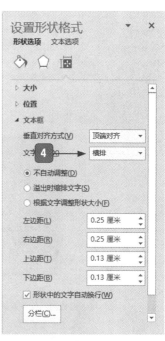

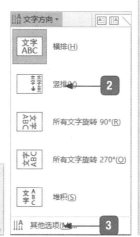

横排文本框与竖排文本框的效果如下图所示。

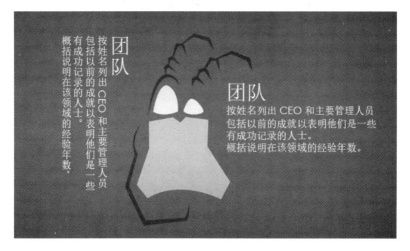

9.4.3 文本的对齐很重要

没有规矩不成方圆，文本也是如此，整齐的文字能让人耳目一新，而且有时候通过文字的搭配就能看出一个人的性格及生活习惯，是一个人最直观的体现。

选中要编辑的文本框，单击【开始】选项卡【段落】组中的各种对齐按钮或【对齐文本】下拉按钮，选择对齐方式

注意：【对齐文本】是对文本框整体的对齐，其他对齐按钮（如【左对齐】按钮）是对文字的对齐。

比如下面这个例子。

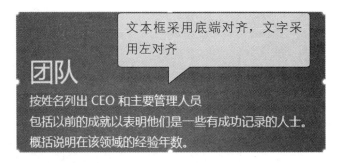

文本框采用底端对齐，文字采用左对齐

文本框采用中部对齐，文字采用居中对齐

如上图所示，左对齐时文字显得比较有条理、有层次，而居中对齐使文字整体看起来更加对称和舒适。

在进行 PPT 的制作时，根据需要，采用不同的对齐方式，便能呈现完全不同的效果，使 PPT 独具一格！

9.5 在关键的地方突出显示文字

不会突出显示文字？那在茫茫的字海中岂不是"泯然众人矣"？如何使

重点文字"鹤立鸡群"？本节便来传授在关键的地方突出显示文字的秘诀！

9.5.1 设置文字背景

恰当的文字背景能使 PPT 锦上添花！设置文字背景能使所要表达的主题更加明确，形象更加突出！

具体操作方法如下。

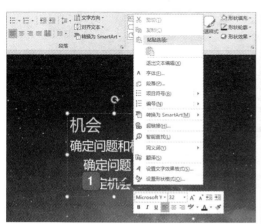 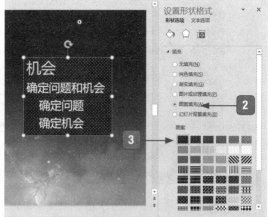

1. 在文本框中右击，在弹出的快捷菜单中选择【设置形状格式】命令。

2. 在【设置形状格式】窗格中选中【填充】下的【图案填充】单选按钮（这里以图案填充为例）。

3. 选择第一个图案，并将背景色设置为蓝色。

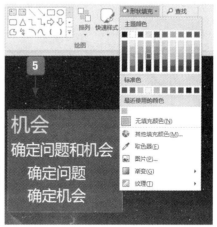

4. 或者单击【开始】选项卡【绘图】组中的【形状填充】下拉按钮进行设置。

5. 选择浅灰色填充样式的效果。

可以看出，文本框与背景图片的分界非常明显，这样便能很好地突出显示文字了。当然，文字的背景填充不止这一种，除了图案填充，还有其他的填充方式，这就需要自己进行探索了！

183

9.5.2 为不同地方的文字设置颜色

这一节的重点就在"不同地方"这几个字上,为文字设置不同的颜色非常简单,相信大家只要看过一次就知道操作方法。但是设置出好看的文字颜色却不那么简单。举一个简单的例子,如下图所示。

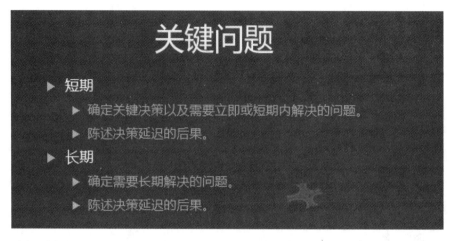

从图中可以看到,运用标题与正文不同颜色、正文小标题与下一级深色浅色的对比来突出显示文字。具体操作方法如下。

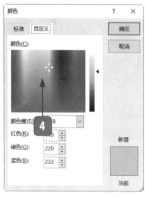

1️⃣ 选中要编辑的文本,单击【开始】选项卡【字体】组中的【字体颜色】下拉按钮。

2️⃣ 在弹出的下拉列表中选择颜色。

3️⃣ 若想使用更多颜色,选择【其他颜色】选项。

4️⃣ 在打开的【颜色】对话框中选择颜色。

色彩不仅有冷暖，还有轻重感，软硬感，强弱感。不同的颜色对人也会产生不同的影响，例如，橙色给人亲切、坦率、开朗、健康的感觉，绿色给人无限的安全感受，在人际关系的协调中可扮演重要的角色，白色象征纯洁、神圣、善良、信任与开放等。

因此文字色彩的搭配就变得非常讲究了。比如两种颜色的对比，把所要讲述的主题颜色设置成显眼的颜色，而其他则平淡些，有了这样的对比，主题就会变得更加鲜明，潜意识中会使人们印象更加深刻。

关于色彩的一些妙用，大家可继续摸索，希望大家都能成为配色的高手，做出自己想要的文字效果！

9.6 效果多变的文字

前面介绍了文字在搭配了适合的颜色及背景之后发生的一些变化，这一节带你看看文字的变化，看文字如何"七十二变"！

9.6.1 灵活使用艺术字

艺术字就是文字中的"艺术家"，是文本编辑中一种非常强大且实用的功能。下面先来看一看如何为幻灯片插入艺术字。

操作方法如下。

1 单击【插入】选项卡【文本】组中的【艺术字】下拉按钮，在弹出的下拉列表中选择艺术字样式（这里选择第一种样式）。

2 在 PPT 中会生成一个文本框。

3 输入文字即可。

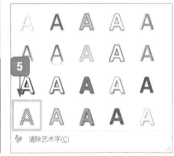

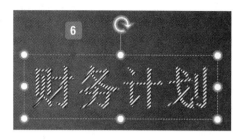

4 选中文本，在【格式】选项卡【艺术字样式】组中还可以更换艺术字样式。

5 选择此样式。

6 使用艺术字后的效果。

艺术字具有普通文字所没有的特殊效果，在突出主题、强调重点方面更是技高一筹！

9.6.2 为文字填充效果

上一节中介绍了艺术字的一些作用和使用方法，下面将介绍如何为普通的文字填充效果。具体方法如下。

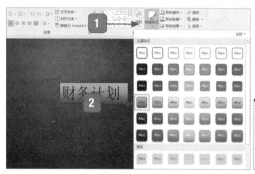

1 选中要编辑的文本框，单击【开始】选项卡【绘图】组中的【快速样式】下拉按钮。

2 在弹出的下拉列表中选择一种样式。

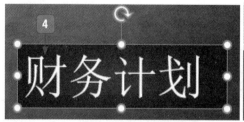

3 选择【其他主题填充】选项，选择一种填充效果。

4 选择填充样式后的效果。

5 还可以选中文本，在【开始】选项卡的【绘图】组中自己设计文字填充样式。

6 自己设计文字填充样式后的效果。

文字填充的效果千变万化，举一反三地去设置更多精美的文字填充效果吧！

9.7 综合实战——制作镂空字体

本节讲解一个实例，即如何制作镂空字体。

  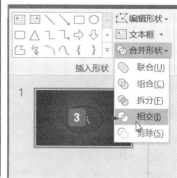

1 新建一个文本框，然后新建一个图形，此处以椭圆形为例。

2 调整椭圆形和文本框的大小，然后将图形覆盖到文本框上面，在椭圆形上右击，在弹出的快捷菜单中选择【置于底层】→【置于底层】命令。

3 全选文本框和椭圆形，单击【格式】选项卡下【插入形状】组中【合并形状】下拉列表中的【相交】按钮。

4 此时已经可以看出镂空的效果了，这里我加了一张背景图片并调整了样式，使效果更加明显。

灵活使用这种方法，便可轻松制作各种特效字了！

痛点解析

187

痛点 1：下载的字体如何使用

在此以田氏颜体字体为例，具体操作步骤如下。

① 打开下载好的压缩包，复制这个文件。

② 打开计算机 C:\Windows\fonts 文件夹，这个文件夹是专门存放字体的文件夹，将复制的文件粘贴在这里。

可以看到，刚刚下载的字体已经可以使用了！

③ 重启 PPT 后便可以在【开始】选项卡【字体】组中的【字体】下拉列表中找到刚刚下载的字体了！

痛点 2：怎么将别人 PPT 中漂亮的字体应用到自己的 PPT 中

如果只是需要别人 PPT 中的那几个文字，那么直接复制到自己的 PPT 中即可，但是如果需要他的字体，就不是复制那么简单了。

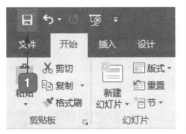

1 选择【文件】选项卡。

2 选择【选项】选项。

3 在打开的【PowerPoint 选项】对话框中选择【保存】选项。

4 选中【将字体嵌入文件】复选框。

这样 PPT 所使用的字体会被嵌入 PPT 文件中，此时，复制粘贴该 PPT，该 PPT 所用到的字体就会自动添加到你的计算机上了！

🎓 大神支招

问：文字中间部分显示为幻灯片背景，仅显示上、下部分文字的效果是如何制作出来的？

这类文字属于"掏空"文字，在幻灯片中制作这些炫酷的文字效果，可以使幻灯片看起来高大上，下面就介绍下如何制作吧。

1 在幻灯片页面中添加背景，并输入要"掏空"处理的文字。

2 绘制一个矩形，并将其放置在要"掏空"处理的位置。

③ 单击【格式】→【形状样式】→【设置形状格式】按钮。

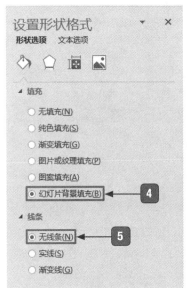

④ 在【填充】区域单击选中【幻灯片背景填充】单选项。

⑤ 在【线条】区域单击选中【无线条】单选项。

⑥ 在掏空区域的形状中输入文字，并根据需要设置文字。

⑦ 即可看到制作"掏空"文字后的效果。

10

Chapter

第10章 让你的幻灯片引人入胜

>>> PPT 中好看的图片是如何做出来的？

>>> 怎样才能快速创建出复杂的表格？

>>> 怎样让 PPT 动起来？

这一章就来带你领略 PPT 中的美化功能吧！

10.1 图片编辑技巧

有了适合的图片就可以将其应用到 PPT 中了，不过别心急，要想图片美观，只靠单纯的插入可不行，适合的图片加上适合的编辑才能得到更好的效果。

10.1.1 效果是裁剪出来的

通常我们使用图片的时候都会选择尺寸正好的图片，可总是会出现图片大小比例差那么一点的情况，这时候怎么办呢？一个字——剪。

1 选择【插入】选项卡。

2 单击【图片】按钮，选择插入的图片。

3 选择【格式】选项卡。

4 单击【裁剪】下拉按钮。

5 选择【裁剪】选项。

6 将鼠标指针移至边框，待鼠标指针变成边框的形状后按住鼠标左键，拖动鼠标调整要裁剪的尺寸，单击任意空白处完成裁剪。

10.1.2 图片的抠图

如果想让自己的图片再上一个台阶，那仅仅只会使用裁剪是不够的。毕竟【格式】选项卡下的这么多功能不是摆设！功能用起来，瞬间变成众人追捧的 PPT 大神！

好了，先来我们的大神之路第一步——抠图。

（1）设置透明色。

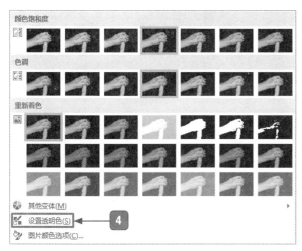

1 选择【插入】选项卡。

2 单击【图像】组中的【图片】
按钮选择插入的图片。

3 单击【颜色】下拉按钮。

4 选择【设置透明色】选项。

接下来只要将鼠标指针移动到图片背景上单击就可以完成抠图了，如下图所示。

　　不过因为只能选择一种颜色设为透明色，所以这种方法通常只能在纯色背景的情况下使用，如果你的背景颜色不统一的话，就会变成下图这种情况，再怎么设置都不能把主体抠出来。

现在要说的是第二步。

（2）删除背景。

首先要做的当然还是插入图片了。

1 选择【插入】选项卡。

2 单击【图片】按钮，选择所要插入的图片。

插入图片以后就可以开始抠图了。

1 单击【格式】选项卡下的【删除背景】按钮。

2 单击【标记要保留的区域】按钮或【标记要删除的区域】按钮。

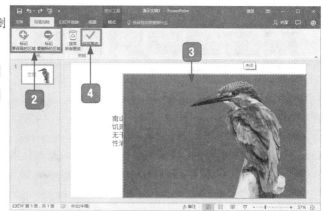

3 按住鼠标左键在图片上划选所要保留或删除的范围。

4 单击【保留更改】按钮完成抠图。

这样就能轻松掌握抠图技术了，效果如下图所示。

（3）布尔运算。

下面介绍很重要的一个操作——布尔运算。先介绍怎么创建【布尔】组并在其中添加选项。

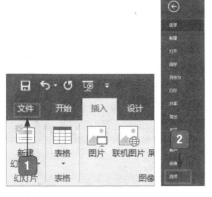

1 选择【文件】选项卡。

2 选择【选项】选项。

这时候进入了 PowerPoint 2016 选项窗口。

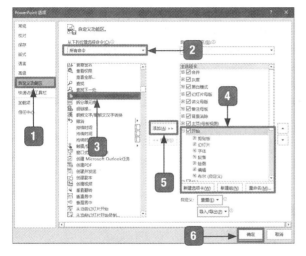

1 选择【自定义功能区】选项。

2 选择【所有命令】选项。

3 查找并选择【拆分】选项。

4 在【开始】选项卡下新建【布尔】组，方便查找。

5 单击【添加】按钮，将【拆分】添加至【布尔】组下。

6 单击【确定】按钮。

　　这样就完成了布尔运算之一的【拆分】的添加，不过布尔运算共有【拆分】【组合】【联合】【剪除】【合并形状】5 种，所以还要按照同样的方式进行添加，记得添加时选择同一个选项卡下的同一个分组。

　　完成上面的操作后，就可以开始学习怎么使用布尔运算抠图了。注意，在这里布尔运算是添加在【开始】选项卡下的【布尔】组，可能跟大家添加的位置不一样，所以接下来的步骤记得将布尔运算的位置自动转换为自己添加的位置。

1 插入图片后，单击【开始】选项卡下【绘图】
组的【曲线】图形。

2 用鼠标在图片上绕着所要抠取的图案轮廓游
走并使用鼠标左键圈点。

3 按住【Ctrl】键，再先后单击图片与
轮廓（一定要记住顺序，先图片后
轮廓），选中后单击【拆分】按钮。

4 单击幻灯片空白处取消全选，再单击图片未被选取的范围，按【Backspace】键删除。
这样就完成抠图了，效果如下图所示。

10.1.3 图片背景色的调整

有时候我们用到一张图片，结果图片背景色跟幻灯片的颜色不搭配，这时候我们就得调
整图片的背景色了。

首先运用【删除背景】法或者【设置透明色】法去掉原背景色。

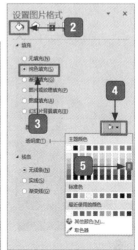

1 右击图片，选择【设置图片格式】选项。

2 单击【填充与线条】选项卡。

3 选中【纯色填充】单选按钮。

4 单击【颜色】下拉按钮。

5 选择填充的颜色。

这样图片背景颜色就改变了，如下图所示。

10.1.4 压缩图片

大神：小白，你怎么了，在纠结什么呢？

小白：还不是那个 PPT 闹的，不知道为什么我的 PPT 好大啊，我的 U 盘要满了，装不下，只能纠结删点什么好存放 PPT，可是这些都是我需要的啊！

大神：哎呀，我还以为多大事呢，你是不是在 PPT 里用了很多图片？

小白：你怎么知道，适合的图片太多，取舍不下，我就都用上了。现在怎么办，去掉哪部分我都舍不得。

大神：没事，我教你一个新招，压缩了图片就可以把 PPT 变小了。

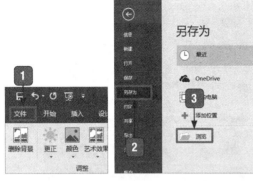

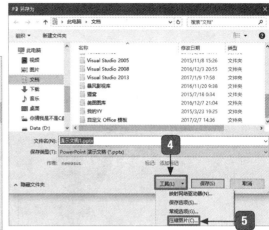

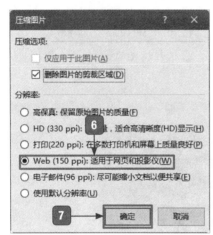

① 选择【文件】选项卡。

② 选择【另存为】选项。

③ 单击【浏览】按钮。

④ 单击【工具】下拉按钮。

⑤ 选择【压缩图片】选项。

⑥ 选中该单选按钮。

⑦ 单击【确定】按钮。

设置完成以后保存就可以了。

10.2 创建表格的技巧

　　磨刀不误砍柴工，做好准备工作后，这一节就开始在 PPT 中创建表格。我们先来学习创建表格的技巧。

10.2.1 直接创建表格

　　先来学习在 PPT 中创建表格的最快速的方法。

1 单击【新建幻灯片】下拉按钮。

2 选择【标题和内容】选项。

3 单击幻灯片中间【插入表格】的图标 ▦。

4 输入行数和列数。

5 单击【确定】按钮。

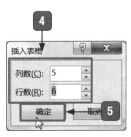

这样就完成了表格的插入，如下图所示。

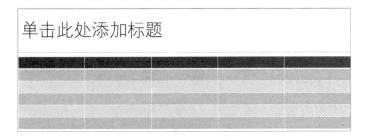

除此之外，还可以利用菜单插入表格、利用对话框插入表格和绘制表格。用哪种效率高呢？它们各有千秋，最重要的是结合实际需要，选择合适的创建方法，才能真正提高效率。其实，只要这 3 种方法都掌握了，选择哪种效率都高！

10.2.2 创建复杂的表格

有些复杂的表格就没办法直接创建了，那要怎么办呢？别急，既然不能用普通的方法，

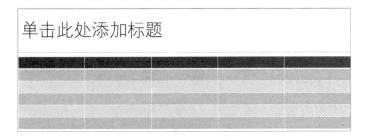

那就让我们直接手动绘制一个吧。

首先新建一张空白的幻灯片，然后就可以手动绘制表格了。

1 选择【插入】选项卡。

2 单击【表格】下拉按钮。

3 选择【绘制表格】选项。

4 用鼠标在幻灯片中绘制出表格外边框。

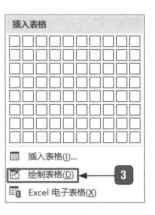

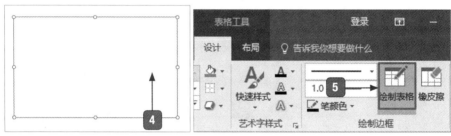

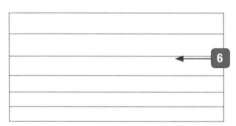

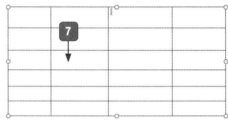

5 单击【设计】选项卡【绘制边框】组中的【绘制表格】按钮。

6 水平拖曳鼠标，绘制表格行。

7 垂直拖曳鼠标，绘制表格列。

此时，表格就基本绘制完成了，那么问题来了，要是想合并单元格，怎么办？没关系，只要删除线条就可以了。还有拆分单元格或添加斜线表头呢？

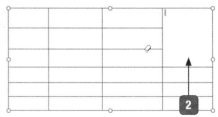

1 单击【设计】选项卡【绘制边框】组中的【橡皮擦】按钮。

2 在要删除的线条上单击，即可完成单元格合并。

3 单击【绘制表格】按钮。

4 从左上向右下拖曳鼠标可绘制斜线表头。

5 竖直拖曳鼠标可将单元格拆分为两列。

6 水平拖曳鼠标可将单元格拆分为两行。

10.3 创建 PPT 图表

如何在 PPT 中创建图表呢？接下来为大家演示。

10.3.1 直接创建图表

直接创建图表是比较简单的方法，只需要选择要创建的图表类型，并输入数据即可。

1 选择【插入】选项卡。

2 单击【图表】按钮。

3 选择要创建的图表类型。

4 单击【确定】按钮。

5 输入或修改数据。

6 完成图表的创建。

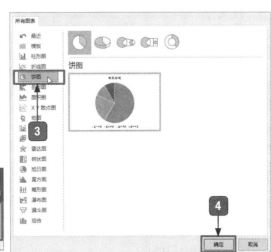

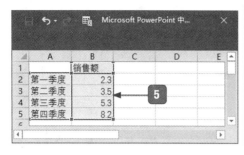

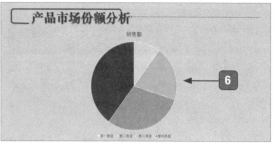

10.3.2 调用 Excel 中的图表

日常生活中，我们在制作图表时，大多都是用 Excel 来创建图表的，因而，当我们在 PPT 中要用到 Excel 中的图表时，就要共享 Excel 中的图表，这样，在进行 PPT 的制作时，节省时间，节省精力，方便高效，接下来举例说明。

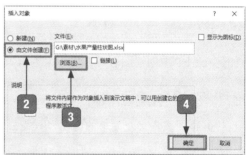

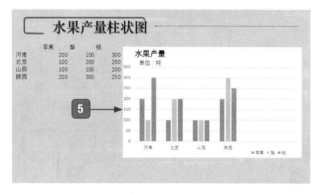

1 单击【插入】→【对象】按钮。

2 选中【由文件创建】单选按钮。

3 单击【浏览】按钮，选择要插入的 Excel 图表文件。

4 单击【确定】按钮。

5 插入 Excel 图表后的效果。

10.4 绘制图形

要用图形绘制出出彩的 PPT，要先学会怎么绘制基本图形。

10.4.1 绘制基本图形

打开幻灯片。

1 在【开始】选项卡的【绘图】组中选择形状。

2 在幻灯片上按住鼠标左键，拖动鼠标绘制出
图形。

这样不就完成图形的绘制了吗？

好吧，既然大家都会了，那我们就跳过这个往下看吧。

10.4.2 用一条线绘制出任意图形

在图形绘制区有一个"神器"，那就是【多边形曲线】、【任意多边形】和【曲
线】。他们都称为任意多边形，有什么区别呢？看看就知道了。

（1）任意多边形曲线。

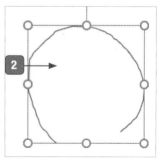

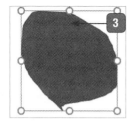

1 选择【开始】→选项卡【绘图】组中的多边形曲线。

2 在幻灯片上按住鼠标左键拖动鼠标进行绘制，松开鼠
标即可完成绘制。

3 线条首尾相连后变成图形。

203

是不是很神奇，直接就可以用来画画了。

不过有个问题，在绘制任意多边形曲线的时候中途不能松手，一松手就结束绘制了，而
且绘制的线条也不直，画多边形的时候有点不方便。这时候就要用到任意多边形了。

（2）任意多边形。

多边形是多边形曲线的升级版，不仅可以像多边形曲线一样应用，还可以更有特色。同样先新建幻灯片。

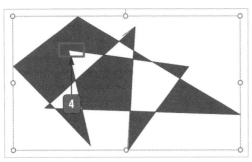

1 单击【开始】选项卡【绘图】组中的任意多边形图标📐。

2 单击 PPT 任意点设置起点。

3 拖动鼠标再次单击，设置拐点。重复操作。

4 首尾相连完成绘制。

这样就可以绘制出具有个性的图形了。

（3）曲线。

曲线的用法与【任意多边形】📐相似，不过绘制出的图形拐角是弧形的，如下图所示。

10.5 逻辑图示的绘制

写总结类型的 PPT 总是觉得不出彩？那就使用逻辑图形，使制作出来的 PPT 简洁大方又出彩。

10.5.1 使用 SmartArt 图形绘制

逻辑图形技能没掌握！没关系，我们贴心的 PowerPoint "小棉袄" 为你准备了 SmartArt 图形绘制，点点鼠标就可以轻松完成。

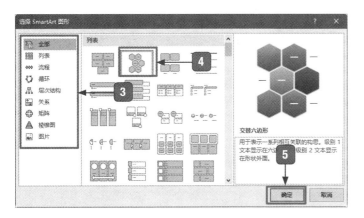

1. 新建幻灯片，选择【插入】选项卡。
2. 单击【SmartArt】按钮。
3. 选择图形类型。
4. 选择图形样式。
5. 单击【确定】按钮。

这样就能插入图形了。

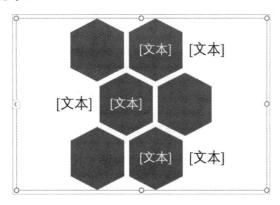

不过还没完，默认颜色会不会跟主题不搭配？而且图形的样子也不够个性？下面给你讲讲怎么用 SmartArt 附带的美化方式！

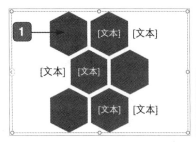

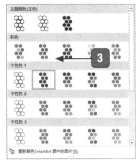

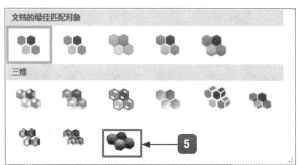

1️⃣ 选择图形。

2️⃣ 单击【更改颜色】按钮。

3️⃣ 在弹出的下拉列表中选择需要的颜色。

4️⃣ 单击该下拉按钮。

5️⃣ 在弹出的界面中选择需要的样式。

这样 SmartArt 图形就变样了。

最后在【文本】处输入内容就好了。

10.5.2 使用形状自定义绘制

除了使用 SmartArt 图形外，还可以自定义绘制图形呢。

PowerPoint 自带的 SmartArt 图形是用形状拼搭制作成的，那我们也可以自己用形状进行拼搭结合。

在绘制前要明确自己想做的类型，比如下图所示的形状。

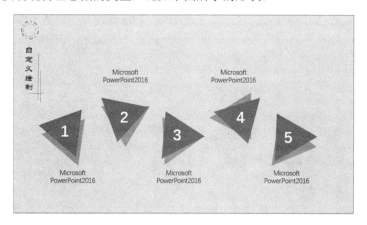

明确了目标以后就开始制作吧。

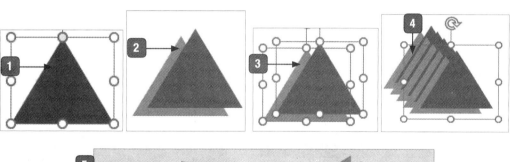

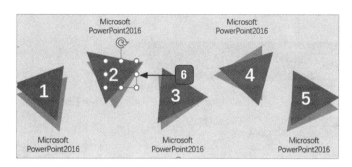

1 绘制一个主要的图形。

2 美化形状。

3 按【Ctrl+A】组合键和【Ctrl+G】组合键组合形状。

4 按【Ctrl+D】组合键复制出需要的个数。　　6 插入文本框，注意对齐哦。

5 对图形进行排版调整。

这样自己就绘制出一个逻辑图形了，是不是很简单。

如果是制作流程、循环类的逻辑图，加一点箭头类的图形进行引导就可以了，如下图所示。

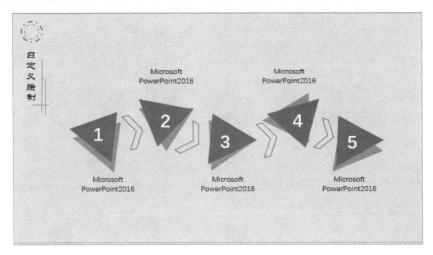

10.6 综合实战——产品销售数据页设计

说了这么多，现在让我们实战一下：设计产品销售数据页。

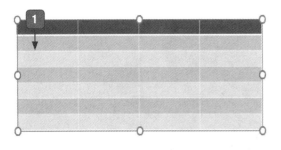

产品 \ 月份	1月	2月	3月
yy01	80	82	95
Cyx3	67	58	72
yy02	84	102	159
Cyx2	33	36	58
yy03	100	190	150
合计	364	468	534

1 根据需求绘制一个表格。

2 调整表格大小，并输入内容。

3 选择【设计】选项卡，在【设计】选项卡下对表格进行【底纹】【边框】等格式设计。

这样我们就完成了产品销售数据页设计的第一步——表格设计。

月份 产品	1月	2月	3月
yy01	80	82	95
Cyx3	67	58	72
yy02	84	102	159
Cyx2	33	36	58
yy03	100	190	150
合计	364	468	534

现在就可以开始对页面进行设计排版了。

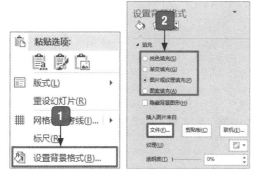

1 右击幻灯片空白处，在弹出的快捷菜单中选择【设置背景格式】选项。

2 在【填充】列表中选择填充样式。

注意，如果 PPT 在制作时就应用了模板，就不用再额外进行背景的设置了。

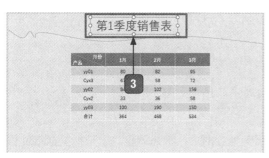

3 插入一个文本框，输入标题，并设计标题的格式与排版位置。

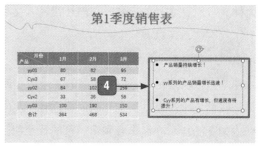

4 插入一个文本框，输入内容对表格进行简要的分析，并对其排版。

这样我们就完成了一个简洁的产品销售数据页的设计，如下图所示。

第1季度销售表

产品 \ 月份	1月	2月	3月
yy01	80	82	95
Cyx3	67	58	72
yy02	84	102	159
Cyx2	33	36	58
yy03	100	190	150
合计	364	468	534

- 产品销量持续增长！

- yy系列的产品销量增长迅速！

- Cyx系列的产品有增长，但速度有待提升！

痛点解析

痛点 1：为什么 PPT 中表格的行距不能调整

小白： 哎呀，我折腾了半天，表格的行距还是不能调整，难道 PPT 中表格的行距不能调整吗？可是我插入的另一个表格可以调整行距啊！

大神： 淡定！ PPT 表格的行距是可以调整的，你调不了，是文字的字号问题。

小白： 可是我还没输入文字呢！

大神： 噢，默认字号的问题！虽然还没输入文字，但你把光标定位到表格中能看到光标的高度，右击，可以看到字号的大小。

小白： 那我要怎么做才可以调整呢？

大神： 你可以改变单元格内文字的字号大小或移动光标。

我们先来说说默认字号的问题这种情况吧！

如下图所示，当你看到第一行的行距明显比其他行的大，很想调整，于是把鼠标指针移动到第一行的底线处，当鼠标指针变成 ⇳ 形状时，按住鼠标左键向上拖曳鼠标，但行距始终不能调整。然而当你往下拖曳鼠标，加大行距时，它是可以实现的。那么这时就是默认字号的问题了。

	第1季度	第2季度	第3季度	第4季度
产品A	¥ 88,070	¥ 33,890	¥ 456,890	¥ 78,906
产品B	¥ 66,900	¥ 45,890	¥ 67,890	¥ 66,666
产品C	¥ 55,448	¥ 55,550	¥ 88,790	¥ 55,555
产品D	¥ 88,760	¥ 88,900	¥ 88,908	¥ 88,888

选中第一行的所有单元格，切记，是选中第一行所有的单元格！如果因为第一个单元格没有文字，就不选它，那是不行的。接着右击，我们看到字号是【20】，现在单击【字号】下拉按钮，然后选择【10.5】的字号，当然你可以根据实际情况来选择字号。

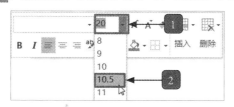

1 单击【字号】下拉按钮。

2 选择【10.5】选项。

然后再调整行距，就可以了，效果如下图所示。

	第1季度	第2季度	第3季度	第4季度
产品A	¥ 88,070	¥ 33,890	¥ 456,890	¥ 78,906
产品B	¥ 66,900	¥ 45,890	¥ 67,890	¥ 66,666
产品C	¥ 55,448	¥ 55,550	¥ 88,790	¥ 55,555
产品D	¥ 88,760	¥ 88,900	¥ 88,908	¥ 88,888

另外一种情况就是光标的位置问题了。如果光标的位置像下图这种情况，鼠标再怎么往上拖曳，也无济于事。

季度 / 产品	第1季度	第2季度	第3季度	第4季度
产品A	¥ 88,070	¥ 33,890	¥ 456,890	¥ 78,906
	¥ 66,900	¥ 45,890	¥ 67,890	¥ 66,666
产品C	¥ 55,448	¥ 55,550	¥ 88,790	¥ 55,555
产品D	¥ 88,760	¥ 88,900	¥ 88,908	¥ 88,888

1 光标的位置。

2 鼠标指针的位置。

这时只需按【Backspace】键，行距就会自动调整到和字号相符的行距了，如下图所示。

	第1季度	第2季度	第3季度	第4季度
产品A	¥ 88,070	¥ 33,890	¥ 456,890	¥ 78,906
产品B	¥ 66,900	¥ 45,890	¥ 67,890	¥ 66,666
产品C	¥ 55,448	¥ 55,550	¥ 88,790	¥ 55,555
产品D	¥ 88,760	¥ 88,900	¥ 88,908	¥ 88,888

痛点2：斜线表格如何输入表头

有没有发现没有斜线表头的表格看起来很别扭，哈哈，现在来学习在斜线表格中输入表头吧。

1 选中第一个单元格并右击。

2 单击【边框】下拉按钮。

3 选择【斜下框线】选项。

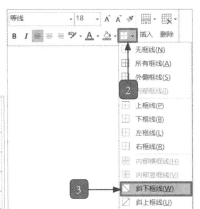

然后在单元格内输入文字，接着可以通过【Space】键或【Enter】键将文字移动到合适的位置，效果如下图所示。

季度 产品	第1季度	第2季度	第3季度	第4季度
产品A	¥ 88,070	¥ 33,890	¥ 456,890	¥ 78,906
产品B	¥ 66,900	¥ 45,890	¥ 67,890	¥ 66,666
产品C	¥ 55,448	¥ 55,550	¥ 88,790	¥ 55,555
产品D	¥ 88,760	¥ 88,900	¥ 88,908	¥ 88,888

有时候你会发现【Space】键和【Enter】键不能很好地调整文字位置，那么这时候，文本框就可以助我们一臂之力了。

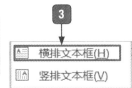

1 选择【插入】选项卡。　　　　3 选择【横排文本框】选项。

2 单击【文本框】下拉按钮。

然后在文本框里输入文字，如下图所示。

季度\产品	第1季度	第2季度	第3季度	第4季度
产品A	¥　88,070	¥　33,890	¥　456,890	¥　78,906
产品B	¥　66,900	¥　45,890	¥　67,890	¥　66,666
产品C	¥　55,448	¥　55,550	¥　88,790	¥　55,555
产品D	¥　88,760	¥　88,900	¥　88,908	¥　88,888

然后拖动文本框，调整文字的位置。不过移动整个表格时，文本框里的文字不会像别的单元格里的文字一样跟着表格移动，这时就需要拖动文本框调整文字的位置。

季度\产品	第1季度	第2季度	第3季度	第4季度
产品A	¥　88,070	¥　33,890	¥　456,890	¥　78,906
产品B	¥　66,900	¥　45,890	¥　67,890	¥　66,666
产品C	¥　55,448	¥　55,550	¥　88,790	¥　55,555
产品D	¥　88,760	¥　88,900	¥　88,908	¥　88,888

大神支招

问：打电话或听报告时有重要讲话内容，怎样才能快速、高效地记录？

在通话过程中，如果身边没有纸和笔；在听报告时，用纸和笔记录的速度比较慢，都会导致重要信息记录不完整。随着智能手机的普及，人们有越来越多的方式对信息进行记录，可以轻松甩掉纸和笔，一字不差高效记录。

1. 在通话中使用电话录音功能

① 在通话过程中，点击【录音】按钮。

② 即可开始录音，并显示录制时间。

③ 结束通话后，在【通话录音列表】中即可看到录制的声音文件，并能够播放录音。

2. 在会议中使用手机录音功能

① 打开【录音机】应用，点击【录音】按钮。

② 点击该按钮，可打开【录音列表】界面。

③ 即可开始录音。

④ 点击【结束】按钮，结束声音录制。

⑤ 点击【暂停】按钮，暂停声音录制。

⑥ 自动打开【录音列表】界面，点击录音文件即可播放。

11

Chapter

第 11 章 使用 Outlook 处理办公事务

>>> Outlook 管理邮件的优势在哪里？

>>> 想知道使用 Outlook 追踪事件活动的方法吗？

>>> 使用 Outlook 也能管理任务和待办事项？

Outlook 的功能比你想象的更强大，不妨现在就来看看吧！

11.1 处理日常办公文档——邮件的管理

Outlook 最常用的功能就是管理电子邮件，如收发电子邮件、转发和回复邮件及管理联系人等。

11.1.1 配置 Outlook 账户

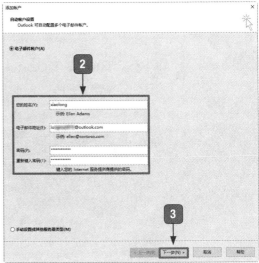

1 启动 Outlook，选择【文件】选项卡，单击【添加账户】按钮。

2 输入电子邮件地址及密码。

3 单击【下一步】按钮。

4 单击【完成】按钮。

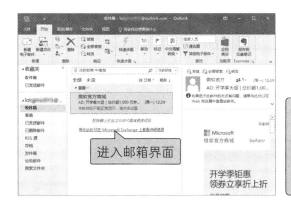

提示：

　　单击【添加其他账户】按钮，还可继续添加其他账户，在 Outlook 中可以同时管理多个邮箱账户。

11.1.2 收发邮件

1. 接收邮件

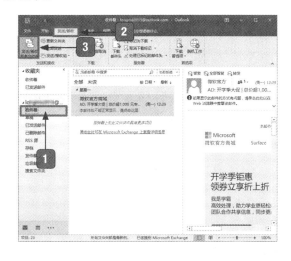

> 1 选择【收件箱】选项。
>
> 2 单击【发送 / 接收】选项卡。
>
> 3 单击【发送 / 接收所有文件夹】按钮。

2. 发送邮件

1 选择【开始】选项卡。

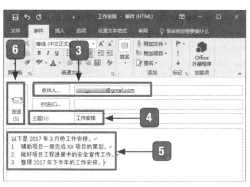

2 单击【新建电子邮件】按钮。

③ 输入收件人邮箱地址。

④ 输入主题。

⑤ 输入邮件正文内容。

⑥ 单击【发送】按钮。

11.1.3 转发和回复邮件

1. 转发邮件

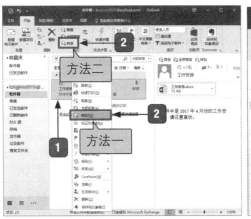 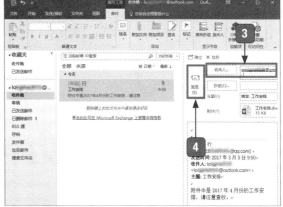

方法 1

① 在要转发的邮件上右击。

② 在弹出的快捷菜单中选择【转发】命令。

方法 2

① 选择要转发的邮件。

② 单击【开始】选项卡下【响应】组中的【转发】按钮。

③ 输入收件人邮箱地址。

④ 单击【发送】按钮。

2. 回复邮件

方法 1

选择要转发的邮件。单击【开始】选项卡下【响应】组中的【答复】按钮。

方法 2

在要转发的邮件上右击。在弹出的快捷菜单中选择【答复】命令。

11.1.4 管理联系人

1. 添加和删除联系人

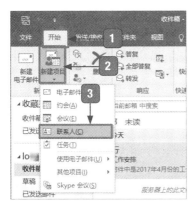 

1 选择【开始】选项卡。

2 单击【新建项目】按钮。

3 选择【联系人】选项。

4 输入联系人信息。

5 单击【保存并关闭】按钮。

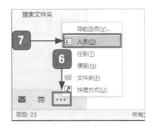 

6 单击【更多】按钮。

7 选择【人员】选项。

8 选择要删除的联系人并右击。

9 选择【删除】按钮，即可删除联系人。

2. 建立通讯组

1 选择【开始】选项卡。

2 单击【新建联系人组】按钮。

3 设置联系人组名称。

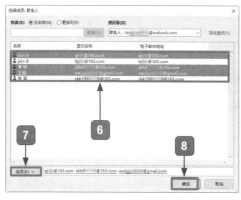

4 单击【添加成员】下拉按钮。

5 选择【从通讯簿】选项。

6 选择联系人。

7 单击【成员】按钮。

8 单击【确定】按钮。

9 单击【保存并关闭】按钮。

11.1.5 拒绝垃圾邮件

小白：最近 Outlook 邮箱中总是收到垃圾邮件，有办法将这些垃圾邮件拒绝掉吗？

大神：可以，在 Outlook 中可以将某个邮件地址发送的邮件设置为垃圾邮件，这样就可以避免同一个账号发送大量的垃圾邮件。

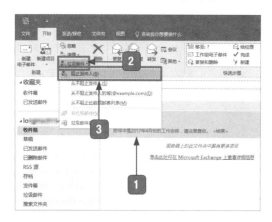

1 选择要阻止发件人的邮件。

2 单击【垃圾邮件】下拉按钮。

3 选择【阻止发件人】选项。

4 单击【确定】按钮。

11.2 使用 Outlook 进行 GTD——高效事务管理

小白：Outlook 除了管理邮件外，还有其他功能吗？

大神：有啊。Outlook 的功能不止管理邮件这一个，还可以进行高效事务管理，如追踪事件活动、高效安排会议、管理任务和待办事项、创建便签等，功能既强大又实用。

11.2.1 高效安排会议

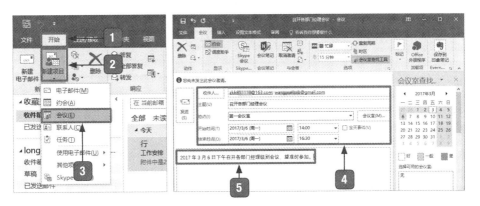

1. 选择【开始】选项卡
2. 单击【新建项目】下拉按钮。
3. 选择【会议】选项。
4. 输入收件人、会议主题等信息。
5. 输入邮件内容。

6. 设置提醒时间。
7. 单击【发送】按钮。
8. 即可在【已发送邮件】列表中看到发送的会议通知。

11.2.2 管理任务和待办事项

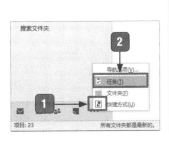

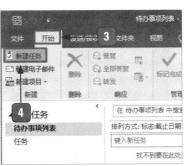

221

1. 单击【更多】按钮。
2. 选择【任务】选项。
3. 选择【开始】选项卡。
4. 单击【新建任务】按钮。

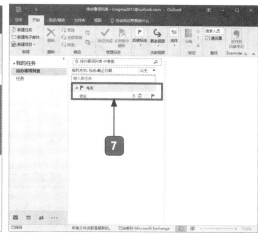

5 设置任务。

6 单击【保存并关闭】按钮。

7 即可查看添加的任务。

11.2.3 分配任务

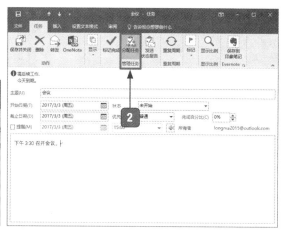

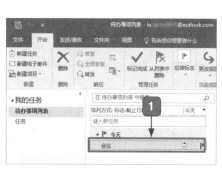

1 双击要分配的任务。

2 单击【分配任务】按钮。

3 输入收件人邮箱地址。

4 单击【发送】按钮。

11.2.4 追踪事件活动

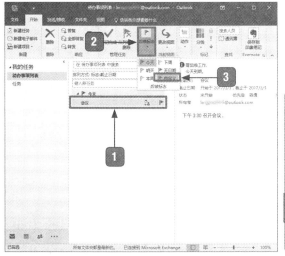

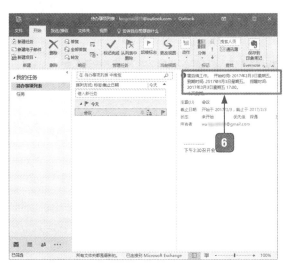

1 选择要追踪的事件。

2 单击【后续标志】按钮。

3 选择【自定义】选项。

4 设置后续工作提醒时间。

5 单击【确定】按钮。

6 即可看到后续追踪事件活动的添加。

11.2.5 创建便签

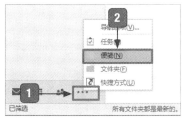

1 单击【更多】按钮。

2 选择【便笺】选项。

3 单击【新便笺】按钮。

4 输入便笺内容。

5 单击【关闭】按钮。

6 即可显示创建的便笺。

痛点解析

痛点 1：在发送邮件时，怎样在邮件中添加签名

发送邮件时，希望能够在邮件结尾自动加上个性的签名，要怎样添加呢？

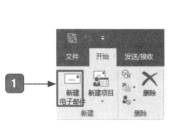

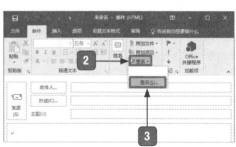

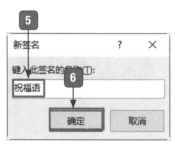

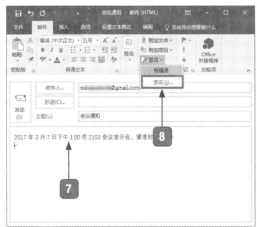
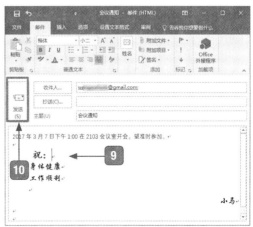

1️⃣ 单击【新建】电子邮件按钮。

2️⃣ 单击【签名】按钮。

3️⃣ 选择【签名】选项。

4️⃣ 单击【新建】按钮。

5️⃣ 输入签名名称。

6️⃣ 单击【确定】按钮。

7️⃣ 输入收件人信息及信件内容。

8️⃣ 选择【签名】选项。

9️⃣ 即可添加签名。

🔟 单击【发送】按钮。

痛点2：如何管理重复的事件

使用 Outlook 可以进行事件的管理，如果一件事每隔固定的时间都会重复发生，要如何管理才能提高办公效率？

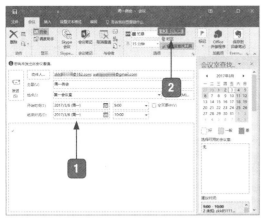
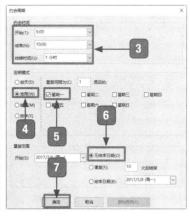

1️⃣ 新建会议项目，并设置会议内容。

2️⃣ 单击【重复周期】按钮。

3️⃣ 设置开始、结束及持续时间。

4️⃣ 设置【定期模式】为"按周"。

5️⃣ 选中【星期一】复选框。

6️⃣ 选中【无结束日期】单选按钮。

7️⃣ 单击【确定】按钮，然后发送会议邀请即可。

第11章

使用 Outlook 处理办公事务

大神支招

问：使用手机办公，记住客户的信息很重要，如何才能使通讯录永不丢失？

人脉管理日益受到现代人的普遍关注和重视。随着移动办公的发展，越来越多的人脉数据会被记录在手机中，掌管好手机中的人脉信息就显得尤为重要。

1. 永不丢失的通讯录

如果手机丢了或者损坏，就不能正常获取通讯录中联系人的信息，为了避免意外的发生，可以在手机中下载"QQ同步助手"应用，将通讯录备份至网络，发生意外时，只需要使用同一账号登录"QQ同步助手"，然后将通讯录恢复到新手机中即可，让你的通讯录永不丢失。

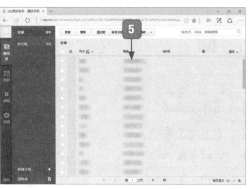

1 打开"QQ 同步助手",点击【设置】按钮。

2 点击【登录】按钮,登录"QQ 同步助手"。

3 点击【备份到网络】按钮。

4 显示备份进度。

5 打开浏览器,输入网址 http://ic.qq.com,即可查看到备份的通讯录联系人。

6 点击【恢复到本机】按钮,即可恢复通讯录。

2. 合并重复的联系人

有时通讯录中某一些联系人会有多个电话号码,也会在通信录中保存多个相同的姓名,有时同一个联系方式会对应多个联系人。这种情况会使通讯录变得臃肿杂乱,影响联系人的准确快速查找。这时,使用"QQ 同步助手"就可以将重复的联系人进行合并,解决通讯录联系人重复的问题。

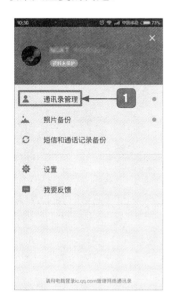  

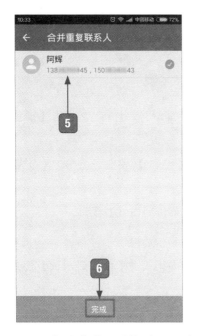

1 进入 QQ 同步助手【设置】界面，选择【通讯录管理】选项。

2 选择【合并重复联系人】选项。

3 显示可合并的联系人。

4 点击【自动合并】按钮。

5 显示合并结果。

6 点击【完成】按钮。

7 点击【立即同步】按钮，重新同步通讯录。

Office 组件间的协作

>>> 三大办公组件是如何协作的？

>>> Outlook 如何与其他组件协作，提高办公效率？

>>> Office 其他组件也能相互协作吗？

这一章告诉你 Office 组件间是如何通过协作提高办工效率的！

12.1 Word 与 Excel 之间的协作

在 Word 2016 中既可以创建 Excel 工作表，也可以插入现有的 Excel 工作表，这样不仅可以使文档的内容更加清晰、表达的意思更加完整，还可以节约时间。

小白：同时编辑 Word 和 Excel，来回切换，好慢啊。

大神：是啊，那怎么办？效率低，工作慢，就等着挨批吧！

小白：为什么你怎么速度那么快，我看你桌面上很少同时打开 Word 和 Excel。大神，不要"吝啬"，江湖救急啊！

大神：好吧，Office 三大办公组件间是可以相互调用的，调用后编辑的设置方法也不会改变，速度当然快了。

小白：真的吗，快讲讲！

12.1.1 在 Word 文档中创建 Excel 工作表

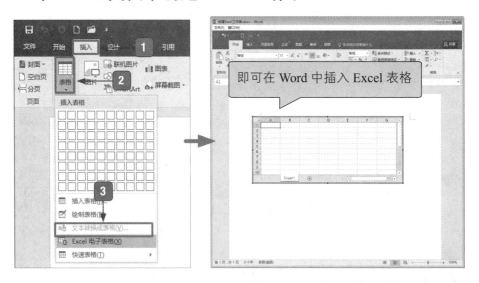

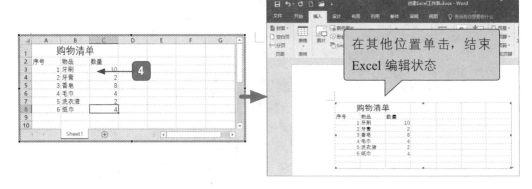

① 选择【插入】选项卡。　　　③ 选择【Excel 电子表格】选项。

② 单击【表格】按钮。　　　　④ 在 Excel 表格中输入内容。

12.1.2 在 Word 中调用 Excel 工作表

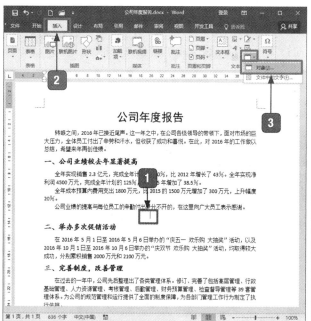

① 打开 "公司年度报告 .docx"
　文档，选择插入表格的位置。

② 选择【插入】选项卡。

③ 选择【对象】选项。

④ 选择【由文件创建】选项卡。

⑤ 单击【浏览】按钮。

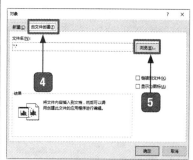

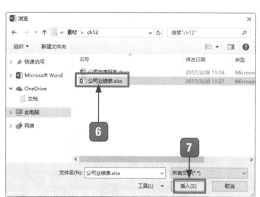

调用现有 Excel 文件后的
效果，双击即可编辑表格

⑥ 选择要调用的 Excel 文件。

⑦ 单击【插入】按钮。

⑧ 单击【确定】按钮。

12.2 Word 与 PowerPoint 之间的协作

Word 和 PowerPoint 各自具有鲜明的特点，两者结合使用，会使办公的效率大大提高。

12.2.1 在 Word 中创建演示文稿

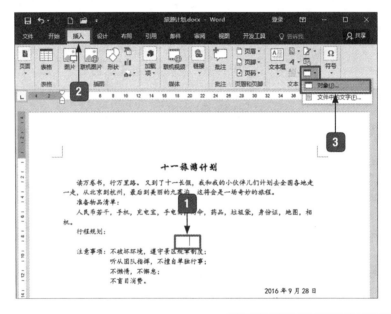

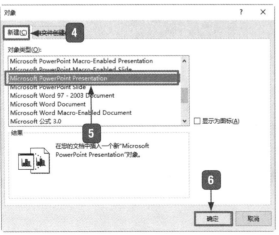

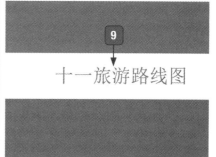

① 打开"旅游计划 .docx"文档，选择要
  创建演示文稿的位置。

② 选择【插入】选项卡。

③ 选择【对象】选项。

④ 选择【新建】选项卡。

⑤ 选择【Microsoft PowerPoint Presentation】

选项。

⑥ 单击【确定】按钮。

⑦ 即可创建空白演示文稿。

⑧ 根据需要编辑演示文稿。

⑨ 双击演示文稿即可放映。

提示：
　　还可以在 Word 文档中插入已有的演示文稿，并且在演示文稿中还可以创建或插入现有的 Word 文档。

12.2.2 PowerPoint 演示文稿转换为 Word 文档

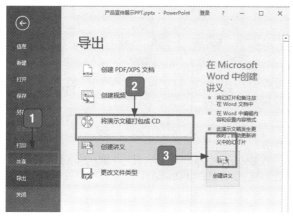

233

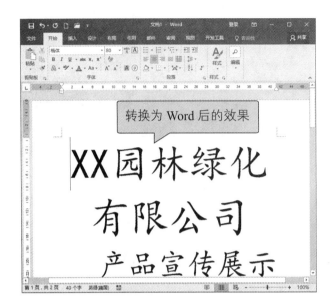

1 选择【文件】→【导出】选项。

2 选择【创建讲义】选项。

3 单击【创建讲义】按钮。

4 选中【只使用大纲】单选按钮。

5 单击【确定】按钮。

12.3 Excel 和 PowerPoint 之间的协作

Excel 和 PowerPoint 文档经常在办公中合作使用，在文档的编辑过程中，Excel 和 PowerPoint 之间可以很方便地进行相互调用，制作出更专业高效的文件。

12.3.1 在 PowerPoint 中调用 Excel 文档

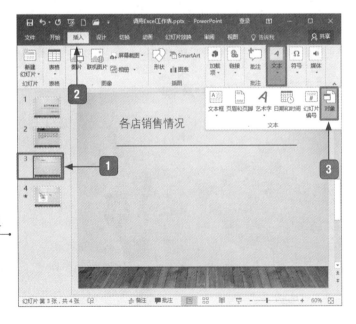

1 打开"调用 Excel 工作表 .pptx"文件，选择第 3 张幻灯片。

2 选择【插入】选项卡。

3 单击【对象】按钮。

4 选中【由文件创建】单选按钮。

5 单击【浏览】按钮。

6 选择要插入的文件。

7 单击【确定】按钮。

8 选择 B9 单元格。

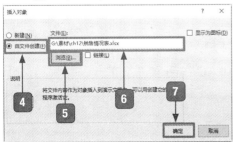

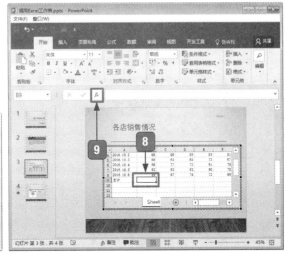

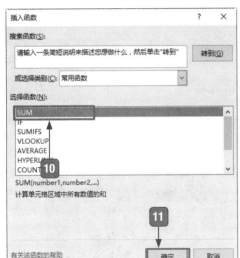

9 单击【插入函数】按钮。

10 选择【SUM】函数。

11 单击【确定】按钮。

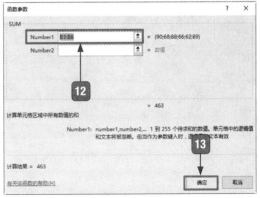

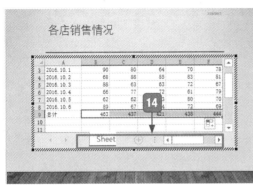

12 输入"B3:B8"。

13 单击【确定】按钮。

14 按照同样的方法计算出其他列的结果。

15 最终效果。

12.3.2 在 Excel 中调用 PowerPoint 演示文稿

1. 打开"公司业绩表.xlsx"文件，单击【插入】选项卡【文本】组中的【对象】按钮。

2. 选择要插入的文件。

3. 单击【确定】按钮。

4. 右击，选择【Presentation 对象】选项。

5. 选择【编辑】选项。

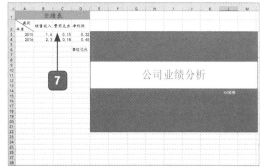

6️⃣ 根据需要对演示文稿进行编辑。

7️⃣ 在空白位置单击，结束编辑状态，完成插入操作。

12.4 Outlook 与其他组件之间的协作

Word 文档编辑完成后，可以直接通过电子邮件附件的形式将文档发送给其他用户，也可以将文件以对象的形式添加至 Outlook 中。

1. 以附件的形式共享 Word 文档

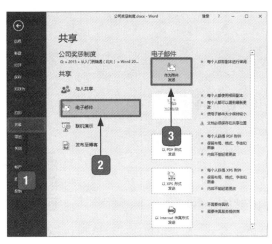

1️⃣ 启动 Outlook，选择【文件】选项卡下的【共享】选项。

2️⃣ 选择【电子邮件】选项。

3️⃣ 单击【作为附件发送】按钮。

4️⃣ 输入收件人邮箱地址及邮件内容。

5️⃣ 单击【发送】按钮。

提示：

打开 Outlook 后新建电子邮件，单击【插入】选项卡下【添加】组中的【附加文件】按钮，也可以将文档以附件的形式添加至 Outlook。

单击【附加文件】按钮

2. 通过 Outlook 发送 Word 文档

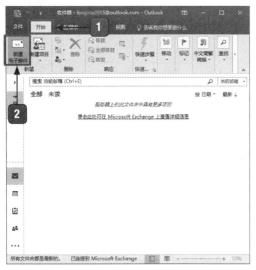

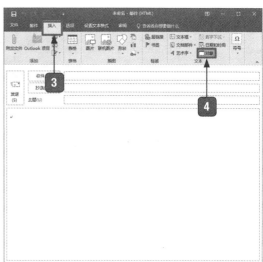

① 选择【开始】选项卡。

② 单击【新建电子邮件】按钮。

③ 选择【插入】选项卡。

④ 单击【对象】按钮，之后即可选择要插入 Outlook 的文件，操作方法与其他组件相同，这里不再赘述。

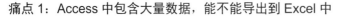 痛点解析

痛点 1：Access 中包含大量数据，能不能导出到 Excel 中

如果在 Access 中包含了很多数据，查看起来不太方便，可以将其导出到 Excel 中，不仅方便查看还便于编辑。

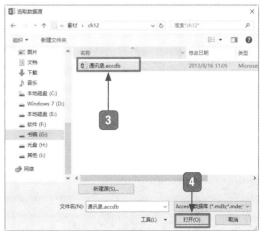

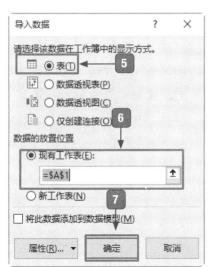

1 选择【数据】选项卡。

2 单击【自 Access】按钮。

3 选择 Access 文件。

4 单击【打开】按钮。

5 选中【表】单选按钮。

6 选择存放位置。

	A	B	C	D	E	F
1	ID	姓名	住址	手机号码	座机号码	
2	1	张光宇	北京	13800000000	11111111	
3	2	刘萌萌	上海	13811111111	22222222	
4	3	吴冬冬	广州	13822222222	33333333	
5	4	吕升升	南京	13833333333	44444444	
6	5	朱亮亮	天津	13844444444	55555555	
7	6	马明明	重庆	13855555555	11112222	
8						

7 单击【确定】按钮。

8 导出到 Excel 中后的效果。

痛点 2：从网页复制文字到 Word 中，结果字号太大，怎么办

小白：大神，我从网上复制了点资料，粘贴到 Word 后，一个字竟然占了一页，并且里面还包含很多超链接，怎么办？

大神：这个其实很简单，Office 组件间可以协作，当然也可以借助其他软件来解决这个问题。

小白：哪个软件？

大神：当然是神奇的记事本软件了。

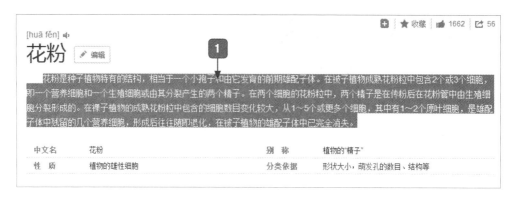

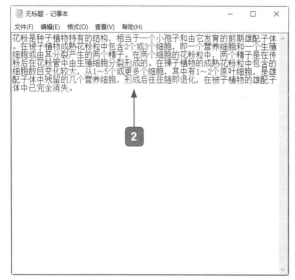

① 在网页中复制文字。

② 将其粘贴至 TXT 文档中，然后在 TXT 文档中复制粘贴的内容，并粘贴至 Word 文档。这样不仅可以解决字号问题，还可以取消文字超链接。

大神支招

问：遇到重要的纸质资料时，如何才能快速地将重要资料电子化至手机中使用？

纸质资料电子化就是通过拍照、扫描、录入或 OCR 识别的方式将纸质资料转换成图片或文字等电子资料进行存储的过程。这样更有利于携带和查询。在没有专业的工具时，可以使用一些 APP 将纸质资料电子化，如印象笔记 APP。可以使用其扫描摄像头对文档进行拍照并进行专业的处理，处理后的拍照效果更加清晰。

1 打开印象笔记，点击【新建】按钮。

2 点击【拍照】按钮。

3 对准要拍照的资料。

4 印象笔记会自动分析并拍照，完成电子化操作。

5 点击该下拉按钮。

6 选择【照片】类型。

7 选择笔记本。

8 点击【新建笔记本】按钮。

9 输入笔记本名称。

10 点击【好】按钮。

11 输入笔记标签名称。

12 点击【确认】按钮，完成保存操作。